中华传统食材丛书

总主编 魏兆军 陈寿宏

茶叶卷

主　编　丁以寿
编　委　钱　濛　周银银　凌　丹　张　婷

合肥工业大学出版社

总序

健康是促进人类全面发展的必然要求，《“健康中国2030”规划纲要》中提出，实现国民健康长寿，是国家富强、民族振兴的重要标志，也是全国各族人民的共同愿望。世界卫生组织（WHO）评估表明膳食营养因素对健康的作用大于医疗因素。“民以食为天”，当前，为了满足人民日益增长的美好生活的需求，对食品的美味、营养、健康、方便提出了更高的要求。

中国传统饮食文化博大精深。从上古时期的充饥果腹，到如今的五味调和；从简单的填塞入口，到复杂的品味尝鲜；从简陋的捧土为皿，到精美的餐具食器；从烟火街巷的夜市小吃，到钟鸣鼎食的珍馐奇馔；从“下火上水即为烹饪”，到“拌、腌、卤、炒、熘、烧、焖、蒸、烤、煎、炸、炖、煮、煲、烩”十五种技法以及“鲁、川、粤、徽、浙、闽、苏、湘”八大菜系的选材、配方和技艺，在浩渺的时空中穿梭、演变、再生，形成了绵长而丰富的中华传统饮食文化。中华传统食品既要传承又要创新，在传承的基础上创新，在创新的基础上发展，实现未来食品的多元化和可持续发展。

中华传统饮食文化体现了“大食物观”的核心——食材多元化，肉、蛋、禽、奶、鱼、菜、果、菌、茶等是食物；酒也是食物。中国人讲究“靠山吃山、靠海吃海”，这不仅是一种因地制宜的变通，更是顺应自然的中国式生存之道。中华大地幅员辽阔、地大物博，拥有世界上最多样的地理环境，高原、山林、湖泊、海岸，这种巨大的地理跨度形成了丰富的物种库，潜在食物资源位居世界前列。

“中华传统食材丛书”定位科普性，注重中华传统食材的科学性和文化性。丛书共分为30卷，分别为《药食同源卷》《主粮卷》《杂粮卷》《油脂卷》《蔬菜卷》《野菜卷（上册）》《野菜卷（下册）》《瓜茄卷》《豆荚芽菜卷》《籽实卷》《热带水果卷》《温寒带水果卷》《野果卷》《干坚果卷》《菌藻卷》《参草卷》《滋补卷》《花卉卷》《蛋乳卷》《海洋鱼卷》《淡水鱼卷》《虾蟹卷》《软体动物卷》《昆虫卷》《家禽卷》《家畜卷》《茶叶卷》《酒品卷》《调味品卷》《传统食品添加剂卷》。丛书共收录了食材类目944种，历代食材相关诗歌、谚语、民谣900多首，传说故事或延伸阅读900余则，相关图片近3000幅。丛书的编者团队汇聚了来自食品科学、营养学、中药学、动物学、植物学、农学、文学等多个学科的学者专家。每种食材从物种本源、营养及成分、食材功能、烹饪与加工、食用注意、传说故事或延伸阅读等诸多方面进行介绍。编者团队耗时多年，参阅大量经、史、医书、药典、农书、文学作品等，记录了大量尚未见经传、流散于民间的诗歌、谚语、歌谣、楹联、传说故事等。丛书在文献资料整理、文化创作等方面具有高度的创新性、思想性和学术性，并具有重要的社会价值、文化价值、科学价

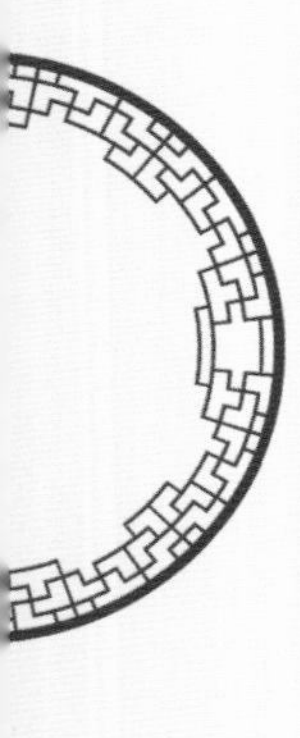

值和出版价值。

对中华传统食材的传承和创新是该丛书的重要特点。一方面，丛书对中国传统食材及文化进行了系统、全面、细致的收集、总结和宣传；另一方面，在传承的基础上，注重食材的营养、加工等方面的科学知识的宣传。相信“中华传统食材丛书”的出版发行，将对实现“健康中国”的战略目标具有重要的推动作用；为实现“大食物观”的多元化食材和扩展食物来源提供参考；同时，也必将进一步坚定中华民族的文化自信，推动社会主义文化的繁荣兴盛。

人间烟火气，最抚凡人心。开卷有益，让米面粮油、畜禽肉蛋、陆海水产、蔬菜瓜果、花卉菌藻携豆乳、茶酒醋调等中华传统食材一起来保障人民的健康！

中国工程院院士

2022年8月

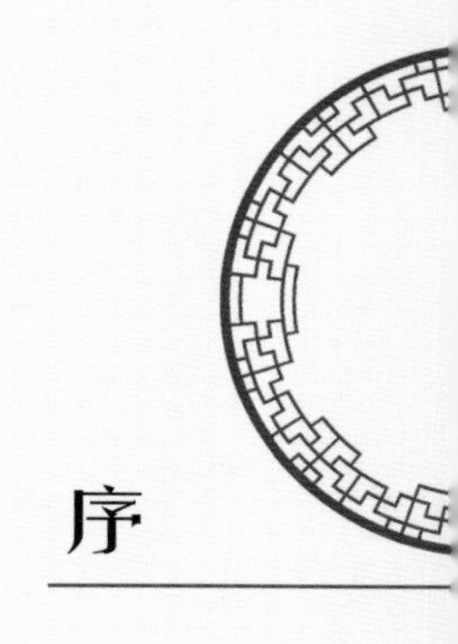

序

中国是茶树的原产地。中国人是最先发现茶树并加以利用的，开始时是食用和药用，后来发展成饮用。“茶之为饮，发乎神农氏。”（唐代陆羽《茶经》）虽然饮茶始于神农时代的说法已难以确证，但一般认为先秦时期巴蜀地区已有饮茶。在汉景帝（前157年—前141年在位）阳陵的考古发掘中，陪葬品中就有茶叶。汉宣帝神爵三年（前59年），王褒的《僮约》中有“烹茶尽具”“武阳买茶”的记载。因此，从考古发掘和文献记载的双重角度证实，中国人饮茶不晚于西汉，至今已有两千多年了。

中国人饮茶习俗的真正形成，是在两晋南北朝时期。当此时期，上自帝王将相，下到平民百姓，中及文人士大夫等，社会各个阶层普遍饮茶，成一时风尚。

“茶为食物，无异米盐。于人所资，远近同俗。既袪竭乏，难舍斯须。”（《旧唐书·李钰传》）茶对于人而言，如同米、盐一样，每日不可缺少。“累日不食犹得，不得一日无茶也。”（唐代杨华《膳夫经手录》）几天不吃可以，一日无茶不可。由此可见，茶在唐代人日常生活中的地位。不仅中原广大地区饮茶风气浓厚，而且饮茶习俗也“始自中地，流于塞外”（唐代封演《封氏闻见记》），传播到边疆少数民族地区。唐德宗建中二年（781年），“常鲁公使西蕃，烹茶帐中。赞普问曰：‘此为何物？’鲁公曰：‘涤烦疗渴，所谓茶也。’赞普曰：‘我此亦有。’遂命出之。以指曰：‘此寿州者，此舒州者，此顾渚者，此蕲门者，此昌明者，此㴩湖者。’”（唐代李肇《唐国史补》）

“风俗贵茶，茶之名品益众。剑南有蒙顶石花，或小方，或散芽，号为第一。湖州有顾渚之紫笋，东川有神泉、小团、昌明、兽目，峡州有碧涧、明月、芳蕊、茱萸簝，福州有方山之露芽，夔州有香山，江陵有南木，湖南有衡山，岳州有滑澠湖之含膏，常州有义兴之紫笋，婺州有东白，睦州有鸠坑，洪州有西山之白露，寿州有霍山之黄芽，蕲州有蕲门团黄，而浮梁之商货不在焉。”（李肇《唐国史补》）唐代名茶有许多，但主要是蒸青紧压团饼茶。

宋代承唐代饮茶之风，日益繁盛。“华夷蛮貊，固日饮而无厌；富贵贫贱，不时啜而不宁。”（北宋梅尧臣《南有嘉茗赋》）“君子小人靡不嗜也，富贵贫贱靡不用也。”（北宋李觏《盱江集》）“盖人家每日不可阙者，柴米油盐酱醋茶。”（南宋吴自牧《梦粱录》）自宋代始，茶就成为开门“七件事”之一。民以食为天，饮以茶为首，茶已深深地融入中国人的日常生活之中。

“茶有二类，曰片茶，曰散茶。片茶……有龙、凤、石乳、白乳之类十二等……散茶出淮南、归州、江南、荆湖，有龙溪、雨前、雨后、绿茶之类十一等。”（《宋史·食货志》）“腊茶出于剑、建，草茶盛于两浙。两浙之品，日注为第一。自景祐以后，洪州双井白芽渐盛，近岁制作尤精……遂为草茶第一。”（北宋欧阳修《归田录》）北宋时期，茶叶以片茶（团饼茶、腊茶）为主。南宋后期和元朝时，蒸青散茶（草茶）得到较大发展。

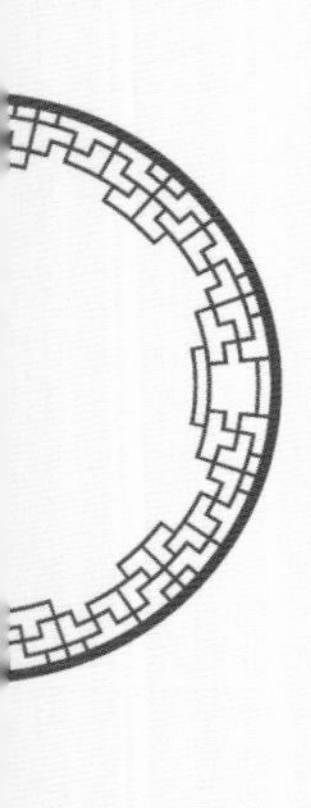

明初废贡团饼茶，促成散茶大兴。有明一代，先是流行蒸青散茶，后来炒青和烘青散茶日盛，主要有罗岕茶、虎丘茶、天池茶、松罗茶、

六安茶、龙井茶、武夷茶、阳羡茶等。晚明时期，中国与欧洲的海上茶叶贸易兴起。

清代，中国茶叶产区进一步扩大，名茶辈出，红茶、绿茶、黑茶、白茶、黄茶、青茶、花茶等品类发展齐全。茶叶对外贸易迅速扩大，远销欧美，风靡世界，茶叶遂成为世界三大饮料之一。

到2020年，中国20个主要产茶省（自治区、直辖市）茶园面积4747.69万亩，约占全世界茶园面积的二分之一，位列第一。中国茶叶产量为298.60万吨，约占全世界茶叶产量的三分之一，位列第一；在六大茶类中，绿茶产量184.27万吨，占总产量的61.7%；红茶产量40.43万吨，占比13.5%；黑茶产量37.33万吨，占比12.5%；青茶产量27.78万吨，占比9.3%；白茶产量7.35万吨，占比2.5%；黄茶产量1.45万吨，占比0.5%。

茶是健康之饮，文明之饮。饮茶不仅有延年益寿、安神明目、消食去腻、利尿解毒等多种功效，也是修身养性、陶冶情操的良好手段。茶是传承中华文化的重要载体，“融通三教儒释道，汇聚一壶色味香。”

茶穿越历史，跨越国界，深受世界各国人民的喜爱。2019年12月，联合国大会宣布将每年5月21日定为“国际茶日”，以肯定茶叶的经济、社会和文化价值。

本卷采取先总论、后分论的撰写体例。在总论部分集中阐述茶的物种本源、营养与成分、食材功能、加工与泡法、饮用注意、传说故事等。在分论部分依据茶叶分类，从绿茶类择选西湖龙井、碧螺春、黄山毛峰、信阳毛尖、六安瓜片、都匀毛尖、南京雨花茶、蒙顶甘露、普陀佛茶、太平猴魁、庐山云雾、阳羡雪芽、长兴紫笋茶、狗牯脑茶、径山茶、九华佛茶、敬亭绿雪、松萝茶、紫阳毛尖十九种，从红茶类择选正山小种、祁红工夫茶、滇红工夫茶、宁红工夫茶、闽红工夫茶五种，从黄茶类择选君山银针、霍山黄芽、蒙顶黄芽、莫干黄芽、平阳黄汤、沩山毛尖六种，从青茶类择选武夷岩茶、安溪铁观音、凤凰单丛、台湾乌龙茶四种，从白茶类择选白毫银针、白牡丹、寿眉三种，从黑茶类择选六堡茶、普洱茶、湖南黑茶、青砖茶、四川边茶五种，从花茶类择选茉莉花茶以及其他花茶等，基本覆盖全国产区，并分别从产地和品种、品质特征、加工与泡法、传说故事等方面予以具体阐述，且适当配以图片。

本书的编写，全程得到合肥工业大学食品与生物工程学院魏兆军教授的精心指导，上海交通大学魏新林研究员审阅了本书，并提出了宝贵的意见，后期的修改及付梓得到合肥工业大学出版社编辑团队的协助支持，在此一并表示衷心的感谢。

限于作者水平，书中错误和不当之处难免，敬请读者批评指正！

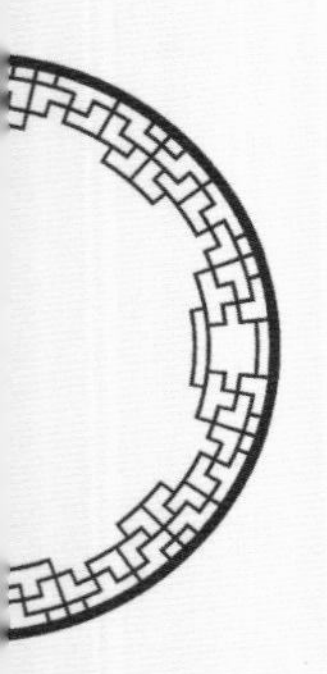

丁以寿

2021年7月6日

目录

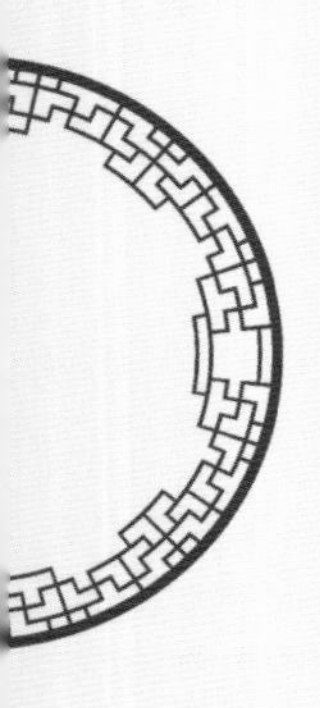

茶

茶。
香叶，嫩芽。
慕诗客，爱僧家。
碾雕白玉，罗织红纱。
铫煎黄蕊色，碗转曲尘花。
夜后邀陪明月，晨前命对朝霞。
洗尽古今人不倦，将至醉后岂堪夸。

——《一字至七字诗·茶》

（唐）元稹

一、物种本源

茶叶（Tea leaves）为茶树的鲜嫩芽叶经加工而成的干制品，又有茶、茗、荈、诧等名称。其制造工艺历经千年的不断改革和演变，一开始是茶叶的生煮饮用，后晒干收藏再供随时饮用；唐宋流行蒸青团茶，亦有少量蒸青散茶和末茶，明代流行炒青和烘青绿茶，清代开始有目的地发展其他茶类。按制法不同，中国茶叶分绿茶、红茶、黄茶、青茶、白茶、黑茶六大基本类及再加工类的花茶、紧压茶等（见下页中国茶叶分类图）。

在植物分类系统中，茶树属被子植物门、双子叶植物纲、原始花被亚纲、山茶目、山茶科、山茶属。瑞典植物学家林奈（Carl von Linne）在1753年出版的《植物种志》中，将茶树的最初学名定为*Thea sinensis* L.。1881年，德国植物学家孔茨（O. Kuntze）将其改为*Camellia sinensis*（L.）O. Kuntze，其中*sinensis*是拉丁文“中国”的意思，*Camellia*是山茶属，所以茶树的学名即表示茶树是原产于中国的一种山茶属植物。

关于茶树的原产地，20世纪20年代，中国学者吴觉农在《茶树原产地考》一文中就论证了中国是茶树原产地。20世纪70年代末，陈椽在《中国云南是茶树原产地》一文中，从中国不断发现野生大茶树、云南的自然条件有利于茶树的形成和发展、茶叶生化以及茶树分布等方面论证了云南是茶树原产地，并从印度栽茶史反证阿萨姆邦不是原产地。近几十年来，中国的茶学工作者又从地质变迁和气候变化出发，结合茶树的自然分布与演化，对茶树原产地做了更加深入地分析与论证，进一步证明了中国的西南地区是茶树的原产地。调查研究和观察分析表明：中国的西南三省及其毗邻地区的野生大茶树具有原始型茶树的形态特征和生化特性，这也证明了我国的西南地区是茶树原产地的中心地带。

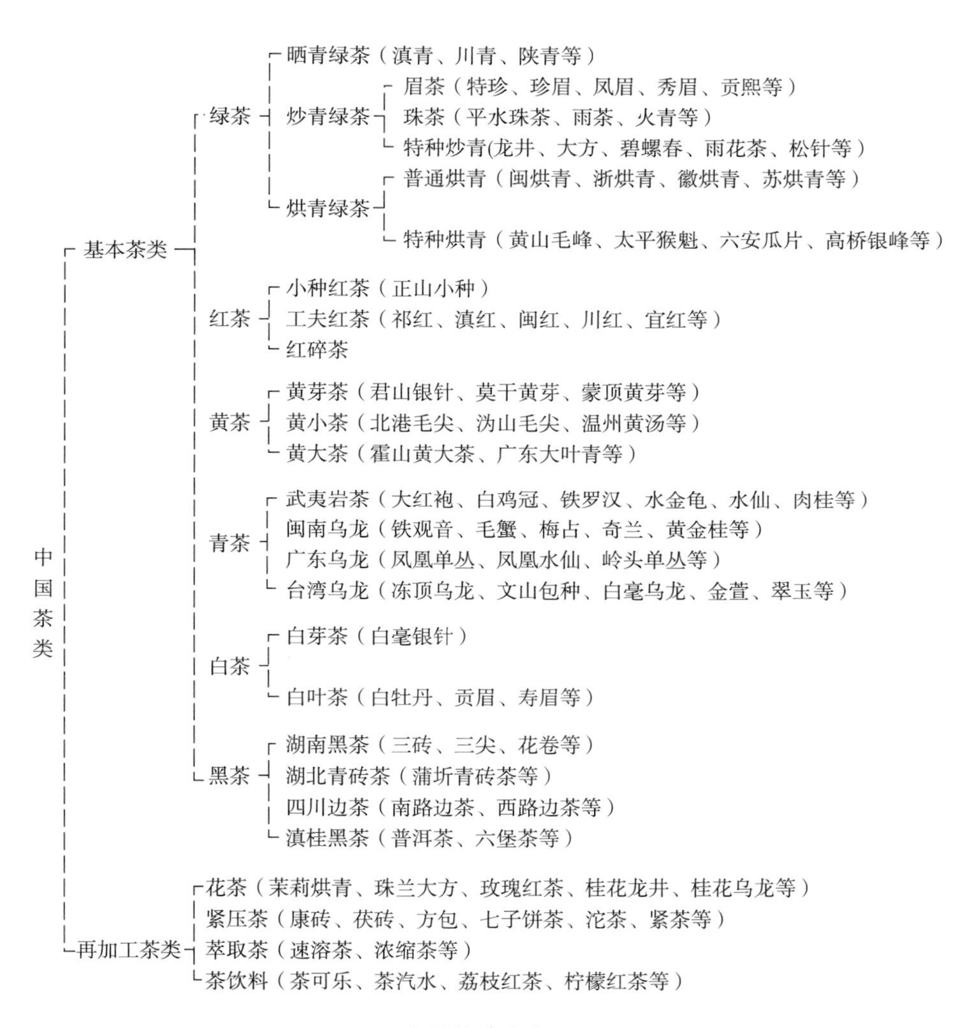

中国茶叶分类图

唐代陆羽的《茶经》中说：“茶者，南方之嘉木也。一尺、二尺乃至数十尺；其巴山峡川有两人合抱者，伐而掇之。其树如瓜芦，叶如栀子，花如白蔷薇，实如栟榈，茎如丁香，根如胡桃。”茶树是木本植物，茶树外部形态因受外界环境的影响和分枝习性的不同，其植株有乔木、小乔木和灌木之分。乔木型茶树高达30米，基部干围达1.5米。小乔木型的树干高可达数米，如今云南西双版纳地区的茶树多属此类。而茶树在人工栽培、迁移的过程中，由于纬度和气候的变化，逐渐演变成树冠矮小、叶片较小的灌木型茶树，如今中国长江中下游地区的茶树多属此类。

茶树在长期的自然选择和人工选育下，形成了许多不同的形态特征和固有特性。一株完整的茶树，由地上和地下两部分组成。地上部分裸露于空间，由茎、芽、叶、花、果组成；地下部分深入土壤中，由色泽、粗细、长短不同的根系组成，连结地上部与地下部的交界处，称为根颈。它们之间既有各自的形态和功能，又是不可分割的整体，互相联系、相互作用。

目前，人们通常见到的是栽培茶树，为了多产芽叶和方便采收，往往用修剪的方法抑制茶树纵向生长，促使茶树横向扩展，所以树高多为0.8～1.2米。

根

茶树根系由主根、侧根和须根组成。主根粗大垂直生长，侧根与须根呈水平分布在耕作层内。主根、侧根起固定茶树的作用，并将须根从土壤中吸收的水分和矿物质营养输送到地上部；同时，还能贮藏地上部合成的有机养分以供生长需要。须根，又称吸收根，呈嫩白色，用来吸取土壤中的水分和矿物质营养，也能合成部分有机物质。

乔木大茶树

茶树根系的形态分布主要与树龄相关，幼年期茶树主根生长迅速，根系主要向土壤深层发展，根长往往大于根幅；茶树成年以后主根生长受阻，促使侧根的生长和分支，使茶树根系由直根系逐渐向分枝根系发展。在栽培条件下的茶树根幅，一般可达120厘米，根深在60~80厘米；茶树进入衰老以后，根系又开始由外围向中心部位衰亡，特别是须根，相对集中于土壤表层。

茎

茎是联系茶树根与叶、花、果，输送水、无机盐和有机养料的轴状结构。

茶树幼茎十分柔软，着生茸毛，表皮呈青绿色。茎围直径从基部至顶端逐渐变细，随着新梢伸长，茎围逐渐增粗。新梢成熟时，顶端出现驻芽，茎组织开始木质化，表皮色泽由青绿变为黄绿，再由黄绿转变为浅棕，之后色泽变深，日趋老化。在茎上，叶着生的部位称节，两节间的部分称节间，节间长度因品种、树龄、栽培管理的不同有很大差别。在茎的顶端和节上叶腋处都生长着芽，当叶片脱落后，在节上留有的痕迹称叶痕。

小乔木茶树

茶树顶芽

芽

茶树的芽是枝、叶、花的原生体。茶芽在未萌发前为锥形，有2~3片鳞片被护。位于枝条顶端的称顶芽，位于枝条叶腋间的称腋芽。顶芽和腋芽生长而成的新梢是人们用来加工茶的原料，是最有利用价值的部位。

此外，还有生长在茶树树干基部的不定芽，又称潜伏芽，通常处于休眠状态。一旦地上部经人为砍去，或老枝灰枯，潜伏芽就能萌发生长成新枝以延长茶树的生命周期。

叶

叶是茶树重要的营养器官。茶树生长发育所需要的有机物质和能量由叶片光合作用合成；同时，它又是茶树进行蒸腾作用和呼吸作用的主要场所。

叶多为椭圆或卵圆形，单叶、互生，叶缘呈锯齿状，叶面富蜡质，主脉明显与支脉末端相连。茶树的叶脉多为8~12对，沿主脉分出支脉，支脉至叶缘三分之二处向上弯曲，呈弧形与上方支脉相连，这是茶树的特征之一，也是茶树叶片与其他植物叶片的重要区别。

嫩叶片上的茸毛是茶树叶片形态的又一特征。至于叶片上茸毛的多少与茶树品种、生长季节和生态环境有关，但它的着生状态为其他植物叶片所罕见。位于主脉处生长的茸毛，基部较长，弯曲度小；位于叶脉间生长的茸毛，基部较短，弯曲度较大，多呈45~75度角，也有呈90度角的。

花

在中国茶区，多数茶树花芽是在每年5—6月由春梢叶腋间陆续分化而成的。花芽经花蕾形成，10—11月为开花盛期（茶树大多数在10—11月开花）。茶树的花属短轴总状花序，为两性花，微有芳香，色白，少数呈淡黄或粉红色。花的大小不一，大的直径5～5.5厘米，小的直径2～2.5厘米。花由花托、花萼、花瓣、雄蕊、雌蕊五个部分组成，属完全花。

茶树花

果

茶花经过授精发育，直到次年霜降前后，果实方才成熟。这样，从花芽分化到种子成熟，为时一年零三四个月。所以，每年在5—11月，人们在同一株茶树上既能看到当年的花和蕾，又能见到上年的果实和种子，这就是茶树“带子怀胎”现象，是茶树的重要特征之一。茶树的果为蒴果，果皮绿色，成熟后为暗褐色，富弹性，内部子叶饱满。果大多为3～4室，也有1～2室的。每室1～2粒种子，每室1粒的呈球形，2粒的呈半球形。种子大小因品种不同而有所差异。

茶树果

在自然状态下，茶树至少能活100年，但作为人工栽培的茶树，其有效经济年龄一般只有50～60年，甚至更短些。一般说来，当日平均气温达10℃以上连续5～7天后，茶芽就开始萌动生长。其顺序依次为：芽体膨胀→鳞片开展→鱼叶开展→真叶开展→驻芽形成→暂停生长。茶树新梢如不采摘，新梢上的驻芽经过短期休止后，又继续生长，这样能重复2～3次。茶树若在采摘条件下，那么，在留下的小桩顶部的第1～2个叶腋间的茶芽又可各自生长萌发成新梢，如此则每年可生长4～5次。

茶树在世界地理上的分布，主要在亚热带和热带地区。目前，茶树分布的最北已达北纬49度（乌克兰外喀尔巴阡地区），最南为南纬22度（南非纳塔尔），垂直分布从低于海平面到海拔2300米（印度尼西亚爪哇岛）范围内。全世界有60多个国家和地区产茶，其中亚洲茶区面积最大，占89%，非洲占9%，南美洲和其他地区占2%。根据茶叶生产分布和气候条件，世界茶区可分为东亚（中国、日本、韩国）、东南亚（印度尼西亚、越南、缅甸、马来西亚、泰国、老挝、柬埔寨、菲律宾）、南亚（印度、斯里兰卡、孟加拉国）、西亚（土耳其、伊朗、格鲁吉亚、阿塞拜疆）、东非（肯尼亚、马拉维、乌干达、坦桑尼亚、莫桑比克）和拉美（阿根廷、巴西、秘鲁、厄瓜多尔、墨西哥、哥伦比亚）六大茶区。

茶树在中国的地理分布广阔，范围为北纬18~38度、东经94~122度，地跨中热带、边缘热带、南亚热带、中亚热带、北亚热带和暖温带。在垂直分布上，最高至海拔2000多米的高山，低至仅距海平面几米的矮丘。中国茶区主要分布在秦岭以南的安徽、浙江、福建、云南、四川、重庆、湖南、湖北、江西、江苏、贵州、广东、海南、广西、陕西、河南、山东、甘肃、西藏、台湾20个省、自治区、直辖市。

二、营养及成分

茶叶中所含的成分很复杂，最新研究揭示，茶叶中含有700余种化学成分，它们对茶叶的香气、滋味、颜色、营养、保健功能、防治疾病功效等都起着重要作用。茶树鲜叶中含有75%~78%的水分，干物质含量为22%~25%。而在这些干物质中，又可分为有机物和无机物两大类，其中有机物以蛋白质、氨基酸、生物碱、茶多酚、糖类、有机酸、类脂质、色素、芳香物质、维生素等为主，占干物质的93%~96.5%；无机物分水溶性与水不溶性两类，占干物质的3.5%~7%。

茶树鲜叶中主要化学成分及其含量

<table>
<tr><th colspan="2">分　类</th><th>名　称</th><th>占鲜叶重（%）</th><th>占干物重（%）</th></tr>
<tr><td colspan="2">水　分</td><td>—</td><td>75~78</td><td>—</td></tr>
<tr><td rowspan="12">干物质
（占鲜叶重
22%~25%）</td><td rowspan="2">无机物</td><td>水溶性部分</td><td>—</td><td>2~4</td></tr>
<tr><td>水不溶性部分</td><td>—</td><td>1.5~3</td></tr>
<tr><td rowspan="10">有机物</td><td>蛋白质</td><td>—</td><td>20~30</td></tr>
<tr><td>氨基酸</td><td>—</td><td>1~4</td></tr>
<tr><td>生物碱</td><td>—</td><td>3~5</td></tr>
<tr><td>茶多酚</td><td>—</td><td>20~35</td></tr>
<tr><td>糖　类</td><td>—</td><td>20~25</td></tr>
<tr><td>有机酸</td><td>—</td><td>3左右</td></tr>
<tr><td>类脂质</td><td>—</td><td>8左右</td></tr>
<tr><td>色　素</td><td>—</td><td>1左右</td></tr>
<tr><td>维生素</td><td>—</td><td>0.6~1</td></tr>
</table>

茶叶中的无机元素种类很多，目前已发现27种。按含量多少来分，大致可分为四类：每克茶叶中，含量在2000微克以上的有氮、磷、钾、硫、镁、钙等；含量在500～2000微克的有锰、氟、铝、钠、氯等；含量在5～500微克的有铁、砷、铜、镍、硅、锌、硼等；含量低于5微克的有硒、钼、铅、镉、钴、溴、碘、铬、钛、铯、钒、锡、铋等。从各种元素在茶树中的部位来看：属根部蓄积型的有铜、镉、铅等；在老叶中含量高的有氟、铝、硒、钙、铁、硅、锰、硼等；在嫩梢中含量高的有锌、镁、钾、砷、镍等。从无机物在泡茶中的浸出率来看：浸出率很高，几乎可以溶入茶汤中的有溴、钾等；浸出率较高，大部分可溶入茶汤中的有铜、氟、镍、锌、铬、锰、镁、硫、钴等；部分溶出，溶出率为10%～30%的有砷、硒、钙、铝、硼、钠、磷等；溶出率在10%以下的有铅、铁等。

茶树是富含锰的植物，每克叶片中锰的含量为200～1200微克。锰的含量有随叶龄增大而增加的趋势，每克老叶中锰的含量可达4000微克。成品干茶中，锰的含量差异很大，每克干茶中含量为100～3800微克，平均值为700微克。成品干茶在冲泡时，锰的溶出率为35%左右。如每天饮茶10克，可摄取锰1.8～3.8毫克，占人体所需量的一半以上。所以，饮茶能满足人体对锰的需要，茶确实可作为人体锰的良好来源。

茶树是一种富集氟的植物，是植物界中氟浓度较高的几种植物之一。茶树鲜叶中氟的含量与叶片老嫩有关，每克嫩叶中氟的含量为100～200微克，每克成叶中为300～400微克，而每克老叶中可达1000微克以上。茶冲泡时氟的溶出率为50%～60%，如每天饮茶10克，可满足人体所需氟量的60%～80%，所以饮茶是人体补充氟的良好来源。氟对人预防龋齿有明显的作用，饮茶可降低龋齿发病率。

硒在茶叶中的含量比在一般植物中的含量高一个数量级。每克茶树鲜叶中硒的含量为0～4.1微克，而每克干茶中绝大多数小于0.1微克。一般情况下，茶树老叶中的硒含量高于嫩梢。茶汤中，硒的浸出率为10%～20%，如果每天饮茶10克，对人体硒的补充是有限的。但利用富硒地区的富硒茶，作为缺硒地区硒的补充，是很有营养价值的。

茶叶中的含铜量在植物界中属中等水平，平均每克鲜叶中含铜量为19微克，其中绿茶的含铜量为12～40微克。茶汤中，铜的溶出率很高，为70%～80%，如每天饮茶10克，人体摄取的铜量为0.5～0.6毫克，占人体每天所需量的20%左右。所以，饮茶能补充人体一定量的必需的铜，其营养意义较大，也对人体造血有利。

每克茶鲜叶中含锌量为10～50微克，但成品茶的含锌量差别很大。其中每克绿茶的含锌量为22～90微克，茶汤中锌的溶出率为36%～56%。如每天饮茶10克，可使人摄取0.2～0.4毫克的锌，占人体推荐供给量的2%～4%。锌是人体内的一种重要微量元素，饮茶可获得人体所需的一定量的锌，对人体有益。

茶叶中的含铁量在植物界属较高水平，平均每克茶叶中的含量为160微克。成品茶铁的含量较高，一般每克茶叶含铁量为60～320微克。其中绿茶平均每克的含铁量为123微克，红茶平均每克的含铁量为196微克。因茶汤中铁的溶出率低于10%，故每天饮茶10克，被人体摄入的铁还不到需要量的1%，相对营养意义不大。但茶叶中含有的铁，属非血红素铁，这种铁的吸收率受胃肠道pH值及人体中铁的贮存量影响。如果人体中铁的贮存量低时，对铁的吸收量较大；如果食物中有较高含量的有机酸如柠檬酸时，可使非血红素铁的吸收量增加。因此，在饮茶的同时或不久后饮用果汁，或在红茶水中加入柠檬片，可使茶中铁的吸收率增加2～3倍。如此饮茶，就可供给人体一定量的铁，对人体有益。

蛋白质是茶叶中的重要含氮物质，它的含量高低与原料老嫩、成品质量的优劣有关。茶叶中绝大部分蛋白质难溶于水，如茶中的谷蛋白就是如此，约占茶总蛋白质量的80%。余下的20%左右的蛋白质为球蛋白和精蛋白，它们也只有40%溶于水。能溶于水的蛋白质，通常称为“水溶蛋白”，虽只占茶叶干重的1%～2%，但对茶汤的滋味有很大影响。泡茶时，溶于沸水的蛋白质不到2%，其余大部分留在茶渣中，而不能为饮茶者所利用。据估计，人体单从茶汤中摄取的蛋白质的质量，每天不超过70毫克，故从饮茶中获得的蛋白质是很少的，对人体营养意义不大。

茶叶中咖啡碱的含量，可因产地、品种、季节等的不同，波动较大。在茶树的不同部位里，咖啡碱的含量也有很大差别。一般而言，在生长代谢旺盛的幼嫩叶梗中含量高，在粗老叶梗中含量较低，花果中更少，种子里几乎没有。这说明，咖啡碱主要分布在茶树的叶部，而叶中的含量又与叶子老嫩度密切相关。茶树的新梢中，咖啡碱含量为2%～4%，其中各部位的含量也不同，其背面茸毛中咖啡碱含量较高。由此可知，咖啡碱含量随叶子老嫩程度呈有规律的变化，即嫩叶含量高，老叶含量低。

茶中的黄烷醇类化合物，主要是儿茶素，占茶叶干重的12%～24%，占茶多酚总量的60%～80%，故儿茶素为茶多酚的主体。儿茶素可分为四种类型：表儿茶素（EC），表没食子儿茶素（EGC），表儿茶素没食子酸酯（ECG），表没食子儿茶素没食子酸酯（EGCG）。各种儿茶素的组成比例，与茶树品种、叶片老嫩、采摘季节、加工工艺等因素密切相关。茶叶品种不同，儿茶素各种成分含量也各异。茶叶中儿茶素的含量也随季节的变化而变化，夏梢中含量最高，秋梢次之，春梢最少。一般来讲，绿茶中的儿茶素含量最高，乌龙茶次之，红茶最低。而发酵类茶叶，因在加工过程中，儿茶素被氧化而聚合成茶黄素、茶红素、茶褐素等一系列有色化合物，它们对红茶的品质和汤色有重要作用，但儿茶素类化合物的含量也随之下降。茶叶中的儿茶素是决定茶汤滋味、颜色的主体成分，也是构成各种茶叶品质的重要物质。儿茶素类化合物是无色的，但其氧化产物茶黄素、茶红素、茶褐素等都具有鲜艳的色泽，是决定红茶、乌龙茶、黑茶等发酵茶汤色和品质的重要物质。一杯优质红茶的茶汤呈现浓亮的橙红色，它是由茶红素构成的；一杯优质红茶杯壁处呈现的金黄色，主要是由茶黄素决定的。而茶褐素，是儿茶素高度氧化聚合的产物，它的含量与红茶品质呈反比，即茶褐素含量高时，会使茶汤变暗，叶底暗钝，滋味淡薄，导致质量下降。

茶中的花色苷及其苷原，又称花青素，是一类性质稳定的色原烯衍生物。它们在紫色芽叶中含量较多，可达茶叶干重的0.5%～1%，主要包括芙蓉花色素、飞燕草花色素和翘摇紫苷原等。花色苷在茶叶中的形成与积累，与茶树新梢的生长发育状态和环境条件密切相关。一般来说，在较强的光照和较高的气温下，茶叶中花色苷含量较高，茶的芽叶也易呈红紫色，这是抵抗较强紫外线伤害的一种反应，而红紫色芽叶对制茶（尤其是制绿茶）的品质不利。

茶叶中的糖类有几十种，含量为干重的20%～30%，可分为单糖、双糖、多糖三类。茶叶中的单糖有葡萄糖、甘露醇、半乳糖、果糖、核糖、木糖、阿拉伯糖等，其含量为干重的0.3%～1%；双糖包括麦芽糖、蔗糖、乳糖、棉子糖等，其含量为干重的0.5%～3%。单糖和双糖通常都易溶于水，故总称为可溶糖，具有甜味，是茶汤中主要呈味物质之一。茶叶中的多糖，通常指的是淀粉、纤维素、半纤维素、木质素、葡萄聚糖、半乳聚糖、木聚糖、阿聚糖、聚半乳糖醛酸等，它们占茶叶干重的20%以上，其中尤以纤维素含量最多，占干重的8%～18%。茶叶中的多糖类物质，一般不溶于水，其含量高是茶叶粗老、嫩度差的标志。除上述三类糖外，与糖有关的物质还有果胶、各种酚类的糖苷、茶皂苷、脂多糖等。茶叶中含有的糖，多数是不溶于水的多糖，能被沸水冲泡出来的糖仅占总糖量的2%左右，只占茶叶水溶物的4%～5%，故称茶为低热量饮料。

茶叶中含有酸性羟基的化合物统称为酚酸类物质。经分离鉴定，发现有茶没食子素、没食子酸、绿原酸、异绿原酸、对香豆素、对香豆鸡纳酸、鞣花酸、咖啡酸等，其中较重要的是茶没食子素，占茶叶干重的1%，没食子酸占茶叶干重的0.5%～1.4%，绿原酸占茶叶干重的0.3%，其余的含量极少。

茶叶中类脂质含量占干重的4%～5%，包括中性脂质、磷脂和糖脂三类。中性脂质约占总脂质的20%，包括甘油三酯、甘油二酯、游离脂肪酸、甾醇等。茶叶中的甾醇化合物，已发现的有α-菠菜甾醇、β-香树素、β-谷甾醇、豆甾醇等。其中β-谷甾醇含量较高，每100克茶叶中的含量可达140～570毫克。茶中磷脂化合物占总脂质含量的35%左右，它包括缩醛磷脂酰胆碱、缩醛磷脂酰甘油等。茶中糖脂占总脂质含量的40%以下，包括半乳糖甘油酯和甾醇甘油酯等。类脂质与茶叶品质关系不大，但与茶树叶片的生理功能有密切的关系。脂肪酸是茶叶中类脂质的重要成分，茶叶中的脂肪酸，主要是亚油酸和亚麻酸，都为人体必需的脂肪酸。在茶叶贮藏期间，脂肪类物质会进一步水解，使脂肪和脂肪酸从脂化状态转化为游离态，更易溶解于热水中。所以饮茶，特别是饮红茶，可以使人体获得部分必需的脂肪酸。但由于茶叶中此类物质含量较低，故茶作为脂肪酸的来源是有限的。

茶叶色素指的是茶树体内的色素成分和成茶冲泡后形成茶汤颜色的色素成分。茶叶中的色素，分脂溶性色素和水溶性色素两大类。叶绿素、类胡萝卜素、叶黄素不溶于水，称为脂溶性色素，它们对茶叶干茶的色泽和叶底的色泽均有很大影响。叶绿素为茶叶的主要色素，在幼嫩鲜叶中的平均含量为干物重量的0.6%，在成品干茶中的含量为0.3%～0.8%。叶绿素又可分为具蓝绿色的叶绿素a和具黄绿色的叶绿素b两种，前者的含量为后者的2～3倍。叶绿素存在于茶树叶片组织内的叶绿体中，它可利用光能进行光合作用，将无机物质转化为有机物质，以维持茶树的正常生长。类胡萝卜素及叶黄素，是一类黄色素，虽不溶于水，但在酶性氧化和热的作用下，能转化成内酯或酮类物质，是茶叶香气的重要组成部分。类胡萝卜素为黄色至橙黄色，它包括α-胡萝卜素、β-胡萝卜素、堇菜黄素等多种化合物。在红茶加工过程中，类胡萝卜素发生降解并形成一些对茶叶香气影响很大的化合物。由此可知，此类色素在茶叶中的含量虽少，但在成品茶香气上的作用是不容忽视的。黄酮醇、花色素、茶黄素、茶红素、茶褐素等能溶于水，统称为水溶性色素，它们决定茶水的汤色。黄酮醇是一类黄色素，除对绿茶汤色有一定作用外，其中某些成分对人体还有一定的保健作用。

茶叶中的维生素类，特别是胡萝卜素（维生素A原）、维生素B_1、维生素B_2和维生素C等，是维持人体眼睛生理功能所不可缺少的物质，对眼睛的保健极为重要。茶叶中胡萝卜素含量较高，每克茶中约含54.6微克（相当于91国际单位的维生素A），茶中芳香类物中还含有β-紫萝酮，其是维生素A和胡萝卜素的生物合成基质。胡萝卜素在体内转化成维生素A，具有维持上皮组织正常功能的作用；在视网膜内与蛋白质合成视紫红质，以增强视网膜的感光性，有利于防治夜盲症，饮茶能“明目”，也就是这个意思。

茶叶中的B族维生素有维生素B_1、维生素B_2、维生素B_3、叶酸、维生素B_5、维生素B_7、维生素B_8等。它们全是水溶性维生素，几乎100%溶于茶水中，其中维生素B_2溶解性稍差些，平均为80%。红茶、绿茶中所含B族维生素的种类及含量大致相同，每100克成茶中含量为8～15毫克，但B族维生素的组成及含量随耕作和加工的不同，略有差别。

茶中维生素B_1的含量，每100克茶中为100～150微克，每饮茶一杯，相当于摄入2～3微克的维生素B_1。维生素B_1是维持神经（包括视神经）生理功能的重要营养物质，故饮茶能防治视神经炎所致的视力模糊、眼睛干涩等。茶中维生素B_2含量很高，每100克茶中约含1200微克，比含量丰富的大豆约高5倍，比大米高20倍，比瓜果类约高60倍。每饮一杯茶，相当于摄入20～25微克的维生素B_2。维生素B_2有营养眼部上皮组织的作用，是维持视网膜正常功能所必不可少的活性成分。所以饮茶可防治角膜混浊、眼干失明、视力减退等症。

红、绿茶中，维生素含量差别不大，但均以细嫩的茶叶中含量较高，故饮红、绿茶均可供给人体一定量的维生素B_2。根据劳动强度不同，成人每日维生素B_2的推荐供给量为1.2～2.1毫克。维生素B_2在茶汤中的溶解度平均为80%，每杯茶含维生素B_2为0.03毫克左右，如果每天饮茶五六杯就可满足人体十分之一的供给量。

绿茶中维生素C含量较高。茶叶所含的脂溶性维生素中，含量最高的为维生素E。每100克干茶成品中含维生素E 24～80毫克。因维生素E很难溶于水，故茶汤中含量很低，相对营养意义不大。但对于有饮茶后喜欢吃茶渣的人而言，则又是另一种情况，他们可以从茶中获得需要的维生素A、维生素E等。

茶叶中还含维生素K，每克干茶中含300～400国际单位，每杯茶中含500～800国际单位。如果每天饮茶5杯就能满足人体每天对维生素K的需求量。

茶中也含有维生素U，每100克干茶中含20～25毫克。因维生素U难溶于水，故茶汤中含量很少，其营养意义不大。

三、食材功能

传统医学研究

中国医学典籍中对茶叶的药用功能多有阐述，现分述如下。

（1）祛睡

称“令人少睡”者有《神农食经》《新修本草》《千金翼方》和《本草经疏》；称“令人少眠”者有《博物志》和《三才图会》；称“令人少寐”者有《本经逢原》；称“令人不眠”者有《桐君录》《广雅》和《述异记》；称“使人不睡”者有《食物本草会纂》；称“令人不寐”者有《调燮类编》；称“不寐”者有《续博物志》；称“令不眠”者有《古今合璧事类外集》；称“不睡”者有《本草拾遗》和《本草纲目》；称“少睡”者有《茶谱》（毛氏）、《茶经》（张氏）和《饮膳正要》；称“睡少”者有《老老恒言》；称“醒睡眠”者有《本草图解》；称“醒睡”者有《随息居饮食谱》和《中国药学大辞典》；称“破睡”者有《茶寮记》；称“不昏”者有《本草纲目》；称“兴奋神经”者有《中国药学大辞典》；称“除好睡”者有《食疗本草》；称“治中风昏愦、多睡不醒”者有《汤液本草》；称“治神疲多眠”者有《药材学》。中医理论认为“心主神明”，故“令人少睡”现代有“提神”之称，属于神经兴奋的结果。

茶叶的“令人少睡”功效，除对生理、病理的睡眠与好睡有良好的清醒疗效外，还可用于治疗因疾病所引起的昏迷、昏愦等。

关于茶的少睡功效，在古代文人的诗文中多有论及。例如：明代陆树声的《茶寮记》称茶“除烦雪滞，涤醒破睡。谭（即‘谈’的古体）渴书倦，此时勋策”；唐代郑遨的《茶诗》中的“最是堪珍重，能令睡思清”与吕岩的《大云寺茶诗》中的“断送睡魔离几席，增添清气入肌肤”；宋代黄庭坚的《催公静碾茶》中的“睡魔正仰茶料理，急遣溪童碾玉尘”与陆游的《昼卧闻碾茶》中的“玉川七碗何须尔，铜碾声中睡已无”等。

（2）安神

以从功效言者，共21条。称“清心神”者有《随息居饮食谱》；称“清神”者有《饮膳正要》《本草纲目拾遗》《中国医学大辞典》；称“除烦”者有《东坡杂记》《本草纲目拾遗》《随息居饮食谱》《瓯江逸志》和《茶谱》（钱氏）；称“涤烦”者有《茶经》《唐国史补》和刘禹锡的《代武中丞谢新茶》。中医理论认为“心主神明”，由于心火旺盛或心气亏虚则“阳浮于外”，出现烦、闷等症状；严重者，惊、厥、癫、痛等也会发生。又，神不安于宅，则意乱、健忘。故称“悦志”者有《神农食经》和《千金方》；称“久食益意思”者有《华佗食论》；称“益思”者有《茶谱》（毛氏）和《茶经》（张氏）；称“能诵无忘”者有《述异记》；称“使人神思闿爽”者有《本草纲目》；称“破孤闷”者有唐代卢仝诗；称“醒神思”者有《调燮类编》。

从主治言者，有“体中烦闷”（一作“愦闷”），见于晋代刘琨的《与兄子南兖州刺史演书》与唐代温庭筠的《采茶录》。

古代诗文中，亦多论及茶的“安神”功效。例如：宋代赵佶的《大观茶论》之“祛襟涤滞，致清导和”；明代许次纾的《茶疏》之“常饮则心肺清凉，烦郁顿释”；宋代苏轼的《寄周安儒茶》之“意爽飘欲仙，头较快如沐”，沈辽的《德相惠新茶复次前韵奉谢》之“一泛舌已润，载啜心更惬，不唯豁神观，亦足畅烦谍”等。

（3）明目

茶的明目功效，自古以来就为人乐道。称“明目”者有《本草拾遗》《调燮类编》《随息居饮食谱》和《茶经》（张氏）、《茶谱》（毛氏）；称“清于目”者有《食物本草会纂》；称治“目涩”者有《茶经》；称疗“火伤目疾”者有《本草求真》。

(4) 清头痛

从功效言者，仅“清头目”一项，就有《汤液本草》《本草图解》《本经逢原》《中国医学大辞典》和《中药大辞典》。比较具体的内容，见于从主治言的部分。称“头目不清”者，仅有《本草求真》，其余均与头痛有关。有关清头目的方剂，亦多与头痛有关。称“治头痛”者有《茶谱》(毛氏)；称“理头痛”者有《古今合璧事类外集》；称治“脑疼”者有《茶经》；称“愈头风”者有《岭外代答》；称治“头痛目昏”者有《药材学》。

(5) 止渴生津

称“止渴”者有《调燮类编》《神农食经》《本草拾遗》《饮膳正要》《中国医学大辞典》和《茶经》(张氏)、《茶谱》(毛氏)；称“疗渴”者有《唐国史补》；称“解渴”者有《随息居饮食谱》；称“止渴生津液”者有《食物本草会纂》；称“清胃生津”者有《本草纲目拾遗》；称“一碗喉吻润”者有唐代卢仝诗《七碗茶》；称“热渴”者有《千金翼方》《新修本草》《茶经》《三才图会》；称“烦渴”者有《药材学》《中药大辞典》；称“作渴”者有《本草经疏》；称“消渴不止”者有《本草求真》；称“渴尝一碗绿昌明”者有唐代白居易诗《春尽日》。

(6) 清热

称“清热解毒”者有《本草求真》；称“清热降火”者有《中国药学大辞典》；称“降火”者有《本经逢原》；称“去热”者有《食疗本草》；称“涤热”者有《随息居饮食谱》；称“泻热”者有《中国医学大辞典》；称“破热气”者有《本草拾遗》；称“清热不伤阴”者有现代蒲辅周用药经验；称“疗热证显效”者有《台湾使槎录》；称“可除胃热之病”者有《广阳杂记》。

关于茶叶的清热功效，可从茶的性味上看。茶的药性是“寒”，据中医理论，“寒可清热”“疗热以寒药”，故茶可以清热。热证的范围与衍变最广，暑证与热毒亦属于热，故又可与下文“消暑、解毒”合参。

（7）消暑

茶既可清热，又可止渴生津，故亦兼消暑、解暑。古代文献言及此者不多，仅《仁斋直指方》与《本草图解》两条称“消暑”；另有《本草别说》的“治伤暑”与《台游日记》的“可疗暑疾”。

（8）解毒

中医药典籍中的“毒”，从病证方面言以“热毒”占最重要位置。所以从药治方面言，多称“清热解毒”。此外，咽喉、皮肤诸证以及瘴、瘟等，亦多与热毒有关。

《本草求真》称“清热解毒”；《中药大辞典》称“解毒”；《本经逢原》称“辟瘴”；《本草拾遗》称“除瘴气”；《简便方》称“解诸中毒”；《茶中杂咏序》称“除痟而去病”；《岭南杂记》称“利咽喉之疾”。

（9）消食

茶的消食功效，从主治言者仅“食和不化”一条见于《本草求真》；称“消食”者为最多，有《茶经》（张氏）、《茶谱》（毛氏）以及《调燮类编》《饮膳正要》《本草经疏》《本草图解》《本草纲目拾遗》《本经逢原》《中国药学大辞典》《中国医学大辞典》《中药大辞典》。称“消宿食”者有《新修本草》《食疗本草》《瓯江通志》；称“消饮食”者有《古今合璧事类外集》；称“消积食”者有《三才图会》《黎歧纪闻》《瓯江逸志》；《滴露漫录》则称：“消腥肉之食，解青稞之热”；称“解除食积”者有《本草纲目拾遗》《广东新语》；称“解酒食之毒”者有《仁斋直指方》《本草纲目》；称“去胀满”者有《黎歧纪闻》；称“去滞而化食”者有《山家清供》；称“去积滞秽恶”者有《食物本草会纂》；称“养脾，食饱最宜”者有《聪训斋语》；称“芳香微甘，有醒胃养脾之妙”者有《蒲辅周医疗经验》；称“甚有助胃力”者有《一澂研斋日记》。

（10）醒酒

称“醒酒”者有《广雅》《采茶录》《本草纲目拾遗》和《瓯江逸志》；称“解酒”者有《仁斋直指方》；称“解醒”者有《续茶经》；称

治“酒毒”者有《本草图解》和《药材学》；称“醉饱后饮数杯最宜”者见于《食物本草会纂》；称“解酒食之毒”者见于《仁斋直指方》《本草纲目》。

文人每兼好茶与酒，故唐宋诗中多言及茶之醒酒功效。例如：唐代白居易的《萧员外寄新蜀茶》之“满瓯似乳堪持玩，况是春深酒渴人”，徐铉的《和门下殷侍郎新茶二十韵》之“解渴消残酒，清神感夜眠”；宋代陆游的《谢王彦光提刑见访并送茶》之“遥想解醒须底物，隆兴第一壑源春”。

（11）去肥腻

茶的去肥腻功效，自古便受到人们的推崇。称“去肥腻”者有《檐曝日记》；称“饭后饮之可解肥浓”者有《老老恒言》；称“去腻”者有《东坡杂记》《茶谱》（钱氏）和《茶经》（张氏）；称“解油腻、牛羊毒”者有《本草纲目拾遗》；称“去人脂”者有《本草拾遗》《食物本草会纂》；称“解荤腥”者有《饭有十二合说》；称“去腥腻”者有《瓯江逸志》；称“解炙毒”者有《食物本草》《本草图解》；宋代梅尧臣的《答宣城张主簿遗鸦山茶次其韵》称“尝闻茗消肉，应亦可破瘕”；《本草拾遗》称“久食令人瘦”。中医药有关去腻解肥、去脂转瘦的作用，尚未受人重视。古本草常有“轻身”“换骨”“延年”之句，其实也是去腻解肥之意。

（12）下气

称“下气”者有《新修本草》《食疗本草》《三才图会》《本草经疏》《饮膳正要》《本草图解》《本草纲目拾遗》《中国医学大辞典》。“下气”一词，鉴于多与消食相连，自属与消胀、降逆、止嗳呃有关，如广其义，则可泛及后文之通利大、小便。称“通利肠胃”者有《竺国纪游》；称“消胀”者有《续茶经》；称“消膨胀”者有《本草纲目拾遗》；称“开郁利气”者有《本经逢原》。

（13）利水

从主治言者，仅《圣济总录》称治“小便不通”与《药材学》称治“小便不利”；称“利水”者有《本草拾遗》和《本草求真》；称“利水道”者有《茶谱》（毛氏）和《茶经》（张氏）；称“利尿”者有《中药大辞典》和《中国药学大辞典》；称“利小便”者有《神农食经》《新修本草》《千金翼方》《饮膳正要》《三才图会》。此外，在后文“利大小肠”等尚有三条。

（14）通便

从主治言者，仅《本草求真》一条，称“二便不利”。称“利大肠”者有《食疗本草》；称“刮肠通泄”者有《本草纲目拾遗》；称“利大小肠”者有《本草拾遗》；称“利二便，通大小肠”者有《中国医学大辞典》。

（15）治痢

言功效者，仅《本经逢原》一条，称“止痢”。称“姜茶治痢，不问赤白冷热，用之皆宜”者有《仁斋直指方》；称“合醋治泄痢甚效”者有《本草别说》；称“治热毒赤白痢”者有《日用本草》；称“同姜治痢”者有《本草图解》；称治“血痢”者有《本草求真》。

（16）去痰

去痰，今作祛痰。称“去痰”者有《千金翼方》《新修本草》《三方图会》；称“除痰”者有《本草拾遗》《茶经》（张氏）和《茶谱》（毛氏）；称“解痰”者有《食疗本草》；称“逐痰”者有《本草纲目拾遗》；称“化痰”者有《本草纲目拾遗》《中药大辞典》；称“消痰”者有《本经逢原》；称“去痰热”者有《神农食经》《饮膳正要》；称“吐风热痰涎”者有《本草纲目》；称“凉肝胆涤热消痰”者有《随息居饮食谱》；称“人肺清痰”者有《本草求真》；称“涤痰清肺”者有《本草纲目拾遗》；称“去寒澼”者有《本草纲目拾遗》；称治“痰涎不消”者有《本草求真》；称治“痰热昏睡”者有《中国医学大辞典》。

（17）祛风解表

中医理论认为风邪外袭于“肌表”，进而出现“表证”。治疗的方法为“解表”，盖“解散外邪、解除表证”的意思，属于“八法”中的“汗法”。风邪极其多变，从外感言又可兼夹不同的外邪，例如风寒、风热、风湿，风、寒、温三气杂至，又多侵袭关节、筋骨，使之出现痹痛。

称“轻汗发而肌骨清”者有《本草纲目》；称“发轻汗”“肌骨清”者有唐代卢仝诗《七碗茶》；称“疗风”者有《茶谱》（毛氏）；称“祛风湿”者有《本草纲目拾遗》《广东新语》；称“辛开不伤阴”者有《蒲辅周医疗经验》；称“小儿控疹不出用之神效”者有《片刻余闲集》；称治“四肢烦，百节不舒”者有《茶经》。

（18）坚齿

茶叶的坚齿功效，近代有很多论述，一般认为与茶所含有的氟有关。称“齿坚蠹已”者有《茶谱》（钱氏）；称“漱茶则牙齿固利”者有《敬斋古今注》。《东坡杂记》称“每食已，辄以浓茶漱口，烦腻既去而脾胃自不知。凡肉之在齿间者，得茶浸漱之，乃消缩，不觉脱去，不烦刺挑也，而齿便漱濯，缘此渐坚密，蠹毒自已。”清代张英的《饭有十二合说》中称“涤齿颊”。

（19）治心痛

心痛是中医治疗的常见病，一般中医说的心痛大多是指心下部位，从解剖学来说应该是以胃与十二指肠的疾患为主。真正的心脏疾患引起的心痛，应该称之为“真心痛”或“厥心痛”。

《兵部手集方》称“久年心痛，十年五年者，煎湖茶，以头醋和匀服之良。”《上医本草》所载，大约相仿。

《瑞竹堂经验方》称“治急心气痛不可忍者，好茶本四两，楝乳香一两，为细末，用醋同兔血和丸如鸡头大。每服一丸，温醋送下。”

此外，近代赣、闽、江、浙等地每用老茶树根治疗冠状动脉硬化性心脏病、心律不齐、心力衰竭、肺源性心脏病等疾患，颇具良效。

（20）疗疮治瘘

茶叶对于各种疮、瘘具有良好的疗效，内服、外用均可。从功效方面说，与前文所述之解毒有关。茶性寒凉，故可清热、解毒与疗疮、治瘘。称治“瘘疮”者有《神农食经》《新修本草》《千金翼方》《本草经疏》《三才图会》《中国医学大辞典》；称“疗积年瘘”者有《枕中方》；

称“搽小儿诸疮效”者有《本草原始》。

（21）疗饥

茶为饮食之品，可以疗饥，又与益气力（见下条）有关。称“疗饥”者有《本草纲目拾遗》《广东新语》。《野菜博录》称“叶可食，烹去苦味二三次，淘净，油盐姜醋调食”；《救荒本草》称“救饥，将嫩叶或冬生叶可煮作羹食”。

（22）益气力

称“有力”者有《神农食经》和张仲景的《千金要方》；称“轻身换骨”者有《陶弘景新录》；称“固肌换骨”者有《图经本草》；称“治疲劳性精神衰弱症”，见于《中国药学大辞典》。

（23）延年益寿

称“养生益寿”者有《荷廊笔记》。因为中医理论认为人的“天年”（即自然寿命之意）为100～120岁，这在《黄帝内经》与《千金要方》上都有述及。何以多数人不能活到天年呢？是患病夭折的缘故。所以，避免疾病也应属于延年益寿的范畴。《图经本草》中称“祛宿疾，当眼前无疾”；明代程用宾的《茶录》中称“抖擞精神，病魔敛迹”；宋代苏东坡在《游诸佛舍，一日饮酽茶七盏，戏书勤师壁》中也称“何须魏帝一丸药，且尽卢仝七碗茶”；《茶解》中称“茶通神仙。久服，能令并举”；《陶弘景新录》中称“苦茶轻身换骨，昔丹丘子、黄山君（古仙人）眼之”；《本草纲目》引壶公《食忌》称“苦茶久食羽化”。

（24）其他

茶的其他功效不成系统者，尚有以下数条：《格物粗谈》中称“烧烟可辟蚊：健兰生丸斑，冷茶和香油洒叶上”；《物类相感志》中称“陈茶末烧烟，蝇速去”；《救生苦海》中称“口烂，茶根代茶煎饮”。

现代医学研究

（1）无机成分

茶叶中的无机成分占干物质总量的3.5%～7%。已发现的无机元素有近30种，含量较多的是磷、钾，其次是钙、镁、铁、锰、铝、硫，微量元素有锌、铜、氟、钼、硒、硼、铅、铬、镍、镉等。

钾能调节体液平衡，在夏季人体大量出汗后必须补充钾元素，通过饮茶补充钾是很有效的。

锌是人体生长必需的元素，缺锌会引起生长发育不良，通过饮茶也能补充一部分锌。

氟是人体必需的元素，缺氟会引起骨质疏松和蛀牙。但是过分粗老的茶叶中含氟量达300毫克/千克以上，常饮这种高氟的茶叶，会导致氟过量而中毒，出现氟斑牙和骨骼变异。

硒是人体必需的元素，我国大部分地区是低硒地区，只有陕西的紫阳县和湖北的恩施土家族苗族自治州为富硒地区。硒对人体具有多方面的保健作用，能增强免疫功能、抗氧化、清除过量的自由基、抗突变等。

钙和铁也是人体必需的元素，饮茶能补充一定量的钙和铁，对保健是有利的。

（2）有机化合物

茶叶中有机化合物占干物质总量的93%～96.5%，是构成茶叶色香味品质特征和健康功效的物质基础。

1）茶多酚

茶多酚是茶叶中多酚类物质的总称，包括儿茶素、黄酮类、花青素和酚酸类。其中最重要的是儿茶素化合物，它占多酚总量的70%以上。

茶鲜叶中含有20%～30%的茶多酚，制成不同的茶类，茶多酚的保留量不一致，绿茶最多，其次是白茶、黄茶，再次是乌龙茶，红茶和黑茶中茶多酚保留量较少，其中黑茶最少。茶多酚减少后主要形成了茶黄素、茶红素和茶褐素等氧化聚合物。茶多酚的主要保健功能如下：

① 杀菌抗病毒

茶多酚对金色葡萄球菌、变形链球菌、肉毒杆菌、大肠弯曲杆菌、空肠弯曲杆菌、肠炎沙门氏菌、产气荚膜杆菌、副溶血弧菌、温和气单胞菌、福氏痢疾杆菌、宋氏痢疾杆菌等许多细菌，尤其是对肠道致病菌具有不同程度的抑制和杀伤作用。

茶多酚对各种病原菌也具有显著的杀菌作用，如对引起皮肤病的白癣菌具有杀灭作用，所以用茶水洗澡擦身可治体癣和足癣。茶多酚对百日咳菌、霍乱菌等病原菌也有抗菌作用。茶多酚对黄色葡萄球菌的α-毒素、霍乱溶血毒素等都有抗毒素的作用。

茶多酚对流感病毒、肠胃炎病毒也有较强的抗病毒作用，所以经常饮茶能预防流感和肠胃炎的发生。

茶多酚还对口腔中的蛀牙菌有抑制作用，因此经常饮茶或用茶水漱口，可以预防蛀牙。

② 抗氧化

人体在发生疾病，受到创伤，受到放射线、紫外线、化学药品的侵害，在环境污染严重的条件下生活，或是有不良吸烟、饮酒习惯等情况下，通过人体的代谢，会产生很多有害的自由基。这些有害的自由基可以诱发脂质的过氧化、蛋白质的氧化聚合和DNA损伤。脂质过氧化以后会引起细胞膜损伤，导致细胞功能衰退；蛋白质氧化聚合以后，会引起酶失活和代谢失调；DNA损伤以后，会引起基因突变，发生遗传障碍等。因此一系列疾病，如炎症、心血管疾病、癌症、白内障等都可能发生，人体的衰老速度也会加快。

茶多酚的抗氧化作用很强，比维生素E、抗氧化剂丁基羟基茴香醚（BHA）的抗氧化能力都强。茶多酚所含的酯型儿茶素抗氧化能力大于非酯型儿茶素。绿茶中酯型儿茶素的含量比红茶多，因此就抗氧化能力而言，绿茶优于红茶。

茶多酚的抗氧化作用是通过多种途径来实现的，主要是清除自由基、抑制氧化酶的活性、提高抗氧化酶活性，与其他抗氧化剂（如维生素C、维生素E等）有协同增效作用，维持体内抗氧化剂浓度等。

③ 抑制动脉硬化

动脉硬化是形成心血管疾病的主要原因，常常是因为食物结构的不合理，造成血液中的脂质浓度过高和低密度脂蛋白（LDL）胆固醇浓度过高，在心血管中造成脂质沉降、黏附，导致动脉粥样硬化。

茶多酚（包括茶多酚的氧化聚合物）能抑制血浆中LDL胆固醇浓度的上升，能降低血液中脂质的浓度。其主要作用机理是抑制消化系统对胆固醇的吸收，促进体内脂质、胆固醇的排泄。同时茶多酚还能抑制血小板凝集，降低血液浓度，因此可以防止血栓的形成。

④ 降血压

人体内有一种血管紧张素转换酶（ACE），这种酶有引起血压上升的作用。治疗高血压的药物中，有许多是ACE抑制剂。茶多酚对ACE有抑制作用，茶多酚中的酯型儿茶素对ACE的抑制作用更强。

⑤ 降血糖

治疗糖尿病的方法，一是增加体内的胰岛素，促进血糖代谢，降低血糖浓度；二是抑制体内的淀粉酶、蔗糖酶的活性，使人体内的淀粉、多糖无法消化吸收，直接排出体外，从而达到控制体内糖分、抑制血糖升高的作用。茶多酚及其部分氧化聚合物，对人体内的淀粉酶、蔗糖酶活性有抑制作用，其中茶黄素的作用最强。

⑥ 抗辐射

第二次世界大战中，日本广岛遭受原子弹轰炸，战后发现核爆幸存者中长期饮茶的人放射病程度较轻，体质、血液中血细胞指标都较好，以及寿命都很长，从而使茶的抗辐射作用得到了人们的注意。

现代生活中，医院和生物试验场所中常接触γ射线和X射线，家庭中长时间看电视、用电脑、用手机等，会对人体有少量或微量辐射，这种辐射的损伤也许是轻微的，但也是一种伤害，一般表现为血液中白细胞减少，免疫力下降，从而引发多种疾病。茶多酚可减缓辐射引起的免疫细胞的损伤，促进受损免疫细胞和白细胞的恢复，预防骨髓细胞的辐射损伤。

⑦ 抗过敏

过敏反应可由多种物质引起，如花粉、油漆、药物、某些鱼虾食品等，人体受到引起过敏的物质刺激后，会产生相应的抗体，释放出某些化学物质进行抵御，从而发生抗原抗体反应，这是机体自我保护所需的免疫反应。但如果这种反应过度或持续时间过长，就会导致组织损伤或机体生理机能障碍，从而形成了过敏反应，常见有皮肤红肿、瘙痒、斑块以及咳嗽、喘息、胃肠痉挛等。过敏反应的内在表现之一，是受过敏原刺激后形成的致敏细胞释放出大量组胺等物质。试验证明，茶多酚能抑制致敏细胞释放组胺，其中酯型儿茶素的作用最强。

⑧ 对重金属的解毒

很多重金属，如砷、铅、汞等对人体健康有害，过量重金属的摄入和积蓄会导致胃、肠、肝、肾等器官的疾病，严重时会出现头昏眼花、腹部疼痛、呕吐和休克。茶多酚对多种重金属离子具有络合、还原等作用，能消除或减轻重金属对人体的危害。

⑨ 除臭

口臭是由多种难闻的挥发性化合物引起，这些化合物有些因口腔疾病、消化系统疾病、呼吸系统疾病等而发生，有些是来自异味摄入物，如蒜、酒、烟等。

茶多酚能与引起口臭的多种化合物发生中和反应、加成反应、酯化反应等化学反应，产生无挥发性产物，从而消除口臭。所以将茶多酚或茶叶提取物制备成口香糖、牙膏、漱口液已被广泛应用。

茶多酚的药效功能如上所述是多方面的，但如何发挥茶多酚的药效效果，正确科学地饮茶是值得注意的问题。其关键是要保持体内有一定浓度的儿茶素，所以间隔一定的时间，就要补充足够的儿茶素。因此需要人们具有不间断的饮茶习惯，不能指望一次性地喝浓茶。

2）茶氨酸

茶叶中的蛋白质含量占干物质总量的20%以上，但能溶于水的仅占2%左右。这部分水溶性蛋白质是形成茶汤滋味的成分之一。氨基酸是组成蛋白质的基本物质，其含量占干物质总量一般为1%～5%，且春茶高于夏秋茶，细嫩茶高于粗老茶，芽和嫩茎中的含量高于成熟叶片，更高于老叶片。茶树品种不同，氨基酸的含量有显著差异，如浙江省安吉县的

“安吉白茶”游离氨基酸的含量，可高达10%。

茶叶中的氨基酸主要有茶氨酸、谷氨酸、天门冬氨酸、精氨酸、丝氨酸、丙氨酸、组氨酸、苯丙氨酸、甘氨酸、缬氨酸、酪氨酸、亮氨酸和异亮氨酸等20多种，大部分都是人体需要的氨基酸。其中茶氨酸的含量特别高，占氨基酸总量的一半左右，它是茶叶中特有的一种氨基酸，是形成茶叶香气、滋味和鲜爽度的重要成分。

大部分氨基酸是组成蛋白质的成分，因此饮茶可以获得一定量的氨基酸，其是补充人体营养成分的一部分。但茶氨酸不是组成蛋白质的氨基酸，因此它不能算是营养成分。近些年来，科学家们对茶氨酸的药效功能进行研究，发现茶氨酸的药效作用是多方面的，而且十分重要。茶氨酸的主要保健功能如下：

① 提高脑神经传达能力

茶氨酸吸收进入脑部以后，可以使脑内神经传导物质多巴胺显著增加。多巴胺是脑内30多种神经传导物质之一，科学家发现，帕金森症和神经分裂症的起因是由于病人的脑部缺乏多巴胺。另外，茶氨酸影响脑中多巴胺等神经递质的代谢和释放，由这些神经递质控制的脑部疾病也有可能因此得到调节和预防。

② 保护神经细胞

老年人易产生脑血栓等脑障碍性病变，由此引起的短暂脑缺血常导致缺血敏感区的细胞发生神经细胞死亡，最终引发阿尔茨海默病。神经细胞的死亡与兴奋型神经传递物质谷氨酸有密切联系，在谷氨酸过多的情况下会出现细胞死亡，这通常是阿尔茨海默病的病因。茶氨酸与谷氨酸结构相近，会竞争结合部位，从而抑制神经细胞死亡。因此，茶氨酸有可能用于脑血栓、脑出血中风，以及阿尔茨海默病等疾病的预防与治疗。

③ 镇静与提高记忆力

人们在饮茶提神的同时，会感到放松、平静、心情舒畅，这种镇静作用是茶氨酸的功效。茶氨酸能增强脑中α波的强度，从而有使人心情放松，起到镇静的作用。现代人生活节奏加快，精神压力往往较大，茶氨酸在“降压”、放松心情方面会起积极作用。

茶氨酸有提高记忆力的作用，这与它能调节脑部神经传递物质的代谢和释放有关。与此相关，茶氨酸有改善女性经期综合征的作用，使经期出现的头痛、腰痛、脑部胀痛、无力、易疲劳、精神无法集中、烦躁等症状得到有效改善。

④ 减肥、护肝、抗氧化

茶氨酸能降低腹腔脂肪，以及血液和肝脏中脂肪及胆固醇的浓度，因此具有减肥功效。此外，茶氨酸还有护肝、抗氧化等作用。

⑤ 增强免疫功能

干扰素是人体抵御感染的“化学防线”，饮茶能使人体血液免疫细胞的干扰素分泌量增加5倍，原因是茶叶中的茶氨酸的作用。因为茶氨酸在人体肝脏内能分解出乙胺，而乙胺又能调动名为“γδt”的人体血液免疫细胞促进干扰素的分泌，从而能提高人体抵御外界侵害的能力。

3）茶多糖

茶叶中的糖类包括单糖、双糖和多糖三类，占干物质总量的20%~25%。单糖和双糖又称可溶性糖，易溶于水，占干重的1%~4%，是组成茶叶滋味的物质之一；茶叶中的糖类大多是水不溶性的多糖类化合物，如淀粉、纤维素、半纤维素、木质素等，占干物质总量的20%以上。茶叶越嫩，多糖含量越低。

茶叶中具有生物活性的复合多糖是一类与蛋白质结合在一起的酸性多糖或酸性糖蛋白。茶多糖的功效主要是：

① 降血糖

糖尿病的主要表现是血糖增高，原因是胰岛素供应不足或胰岛素不能发挥正常的生理作用，从而使体内糖、蛋白质及脂肪代谢发生紊乱，造成血液中糖浓度上升。

糖尿病病人服用从茶叶中提取出的茶多糖后10小时血糖降低，但24小时后效果消失。因此，通过饮茶来辅助治疗糖尿病者必须经常饮茶才会有持续的效果。另外，泡茶用水的水温应低于50℃，因为高温对茶多糖有破坏作用，较低温度的水泡茶，茶多糖提取率较高且有效性较好。

②降血脂

茶多糖能使血液中的总胆固醇、中性脂肪、低密度脂蛋白胆固醇浓度下降，从而达到降血脂的功效，这对保护心血管、防止动脉硬化有重要作用。

③抗辐射

茶叶中的脂多糖是类脂与多糖结合在一起的产物。小鼠的抗辐射试验表明，脂多糖能使辐射造成的损伤显著减轻。主要表现为能维持造血功能的稳定性，血液中的白细胞数能增加，还增强了免疫功能，使辐射造成的副作用大为降低。

4）生物碱

茶叶中的生物碱包括咖啡碱、可可碱和茶叶碱。其中咖啡碱的含量最多，占茶叶干重的2%～5%，其他含量很少。咖啡碱易溶于水，是形成茶汤滋味的重要成分。饮茶能提神解乏、兴奋利尿就是咖啡碱的作用。夏茶咖啡碱含量高于春茶，嫩叶高于老叶。咖啡碱的功效如下：

①兴奋作用

咖啡碱是一种兴奋剂，其兴奋作用是通过刺激中枢神经和大脑皮层而实现的。当血液中咖啡碱浓度达到每升5～6毫克时，就会使人精神振奋、集中注意力、思维活动清晰、感觉敏锐、记忆力增强。

②强心作用

咖啡碱能促进冠状动脉的扩张，增加心肌的收缩力，增加心血输出量，改善血液循环，加快心跳。这对心跳迟缓的心脏病患者有一定作用，但心动过速者可能要控制咖啡碱的摄入量。

③利尿作用

人的尿液是血液通过肾中微血管的过滤作用而产生的，因此尿液的正常排出是体内代谢物排出的重要渠道。出现无尿和少尿的情况都是身体出现不正常状况的表现，这时临床上常常要使用利尿剂，但长期使用利尿剂对血压和人体其他器官会造成损害。饮茶有利尿作用，而且不会对人体产生伤害。

咖啡碱的利尿作用是很明显的，能迅速舒张肾血管使肾脏血流量增加，肾小球过滤速度加快，抑制肾小管的再吸收，促进尿液顺利排出。饮茶与饮水相比，排尿量要多1.5倍左右。

④ 促进消化液分泌的作用

咖啡碱能刺激胃液的分泌，促进食物的消化，这对胃动力不足的患者可能是有帮助的。

⑤ 减肥作用

咖啡碱能促进体内脂肪的“燃烧”，使其转化为能量，产生热量，通过出汗而达到减肥的目的。此外，咖啡碱还有抗过敏、抗炎症的作用。

茶叶碱和可可碱，同样也具有利尿与强心的作用。

5）茶色素

茶叶中的色素包括脂溶性色素和水溶性色素两部分，含量仅占茶叶干物质的1%左右。脂溶性色素不溶于水，有叶绿素、叶黄素、胡萝卜素等。水溶性色素有黄酮类物质、花青素以及茶多酚的氧化产物茶黄素、茶红素和茶褐素等。脂溶性色素是形成干茶和叶底色泽的主要成分，而水溶性色素主要对茶汤有影响。绿茶色泽主要决定于叶绿素总量以及叶绿素a和叶绿素b的比例。在红茶加工的发酵过程中，叶绿素被大量破坏，茶多酚被氧化成黑褐色的氧化产物，使红茶干茶色呈褐红色或乌黑色。绿茶、红茶、黄茶、白茶、青茶和黑茶六大茶类的色泽均与茶叶色素的含量、组成和转化密切相关。

对人体具有药效作用的水溶性茶色素，指的是以红茶为原料提取分离出的茶多酚氧化高聚合物及其裂解产物。茶多酚氧化形成了茶黄素、茶红素和茶褐素等氧化高聚合物，这些氧化聚合物的含量以黑茶、红茶较多，其次是乌龙茶，再次是黄茶与白茶，绿茶中只有极微的茶多酚的氧化聚合物。

大量的临床试验表明，茶色素对心血管疾病的预防和治疗有一定作用，表现为能降低血脂和胆固醇，防治动脉粥样硬化。

6）维生素类

茶叶中含有丰富的维生素类，其含量占干物质总量的0.6%~1%。水溶性的有维生素B、维生素C，脂溶性的有维生素A、维生素D和维生素K等，所以饮茶是人体所需维生素的极好来源。茶叶中维生素C含量最高，100克高级绿茶中含量可达250毫克。一般而言，绿茶中维生素含量较高，乌龙茶和红茶中含量较少。

维生素C具有抗氧化能力，能增强人体的免疫功能，预防感冒，促进铁的吸收，有防癌、抗衰老、防治维生素C缺乏病的作用。

除了维生素C以外，茶叶中还含有维生素A、维生素B、维生素E、维生素F、维生素K等。

每100克茶叶中维生素A的含量为8~25毫克，它能维持视觉、听觉的正常功能，维持皮肤和黏膜的健康，促进生长。

每100克茶叶中维生素B_1的含量为0.1~0.5毫克，它能促进生长，维持神经组织、肌肉、心脏的正常活动。

每100克茶叶中维生素B_3的含量为0.5~1.0毫克，它能参与核苷酸和氨基酸代谢，促进细胞增殖、预防贫血等。

每100克茶叶中维生素E的含量为25~80毫克，它具有抗氧化作用，能够延缓衰老、防治不育症、预防动脉硬化等。

每100克茶叶中维生素F（亚油酸、亚麻油酸等）的含量为茶籽油含量的65%~85%，具有预防动脉硬化，维持皮肤、毛发健康的作用。

每100克茶叶中维生素K的含量为1~4毫克，它能促进凝血素的合成，防治出血，促进骨中钙的吸收沉积。

7）皂苷化合物

茶叶和茶籽中都含有皂苷化合物，具有提高免疫功能、抗菌、抗氧化、消炎、抗病毒、抗过敏等功效。

8）芳香物质

茶叶中的芳香物质是茶叶中挥发性物质的总称，含量只占干重的

0.005%～0.03%。茶叶香气是不同芳香物质以不同浓度组合并对嗅觉神经综合作用形成的。茶叶中芳香物质含量虽不多，但种类却很复杂，分属醇类、酚类、醛类、酮类、酯类、内酯类、含氮化合物、含硫化合物、碳氢化合物等十多类。迄今为止已分离鉴定的茶叶芳香物质约有700种，但其中主要成分仅为数十种。它们有的是在鲜叶生长过程中合成的，有的则是在茶叶加工过程中转化形成的。一般茶鲜叶中含有的芳香物质种类较少，大约80种；而在绿茶中有260多种，红茶中则有400多种。不同类别和不同含量的多种化合物相互配合作用就构成了多种独特的茶叶香气，所以我们饮茶时感觉的香气是数以百计的芳香物质以一定比例混合而产生的。

茶叶中的芳香物质种类很多，每种香气物质的含量都是极微量的。不少香气物质都具有镇静、镇痛、安眠、放松（降压）、抗菌、消炎、除臭等多种功能。

四、加工与泡法

中国制茶历史悠久，自发现野生茶树以来，茶叶经历了从生煮羹饮到饼茶、散茶，从绿茶到多茶类，从手工制茶到机械化制茶的发展过程，其间经历了复杂的变革。根据茶叶品质、制法的系统性，茶叶可分为绿茶、红茶、黄茶、青茶、白茶和黑茶六大类以及再加工类的花茶等。不同的茶叶有着不同的加工方式和冲泡方法。

茶叶加工

（1）绿茶加工技术

中国茶叶生产，以绿茶为最早。唐代普遍采用蒸汽杀青的方法制造散茶或团茶。到了明代发明了锅炒杀青，此后便逐渐淘汰了蒸青。随着社会进步、工艺革新，烘青、炒青绿茶兴起。

绿茶加工工艺流程：鲜叶→杀青→揉捻→干燥。

杀青是形成绿茶品质的关键性技术。其主要目的：一是使鲜叶中酶的活性钝化，防止多酚类化合物的酶促氧化，以获得绿茶应有的色香味；二是散发青草气，发展茶香；三是蒸发一部分水分，使之变柔软，增强韧性，便于揉捻成形。

手工锅炒杀青

鲜叶采摘后，一般放在地上摊放2～3小时，然后进行杀青。杀青的原则：一是“高温杀青、先高后低”。使杀青锅或滚筒的温度达到180℃或者更高，以迅速破坏酶的活性，然后适当降低温度，使芽尖和叶缘不致被炒焦，影响绿茶品质，从而达到杀匀杀透、老而不焦、嫩而不生的目的。

二是“老叶嫩杀、嫩叶老杀”。所谓老杀，就是失水适当多些；所谓嫩杀，就是失水适当少些。因为嫩叶中酶的催化作用较强，含水量较高，所以要老杀，如果嫩杀，则酶的活性未被彻底破坏，容易产生红梗红叶；且杀青叶含水量过高，在揉捻时液汁易流失，加压时易成糊状，芽叶易断碎。低级粗老叶则相反，应杀得嫩，粗老叶含水量少，纤维素含量较高，叶质粗硬，揉捻时难以成形，加压时也易断碎。

杀青适度的标志：叶色由鲜绿转为暗绿，无红梗红叶，手捏叶软，略微黏手，嫩茎梗折不断，紧捏叶子成团，稍有弹性，青草气消失，茶香显露。

手工揉捻

揉捻的目的是缩小体积，为炒干成形打好基础，同时适当破坏叶组织，既要茶汁容易泡出，又要耐冲泡。

揉捻一般分热揉和冷揉，所谓热揉，就是杀青叶不经摊放趁热揉捻；所谓冷揉，就是杀青叶出锅后，经过一段时间的摊放，使叶温下降到一定程度再揉捻。较老叶纤维素含量高，揉捻时不易成条，应采用热揉；高级嫩叶揉捻容易成条，为保持良好的色泽和香气，宜采用冷揉。

目前，除少量手工制作的特种名优绿茶外，绝大部分茶叶都采取揉捻机来进行揉捻。即把杀青好的鲜叶装入揉捻桶，盖盖、加压进行揉捻。加压的原则是“轻、重、轻”，即先要轻压，然后逐步加重，再慢慢减轻。揉捻叶细胞破坏率一般为45%～55%，茶汁黏附于叶面，手摸有润滑黏手的感觉。

茶叶干燥的方法有很多，有的用烘干机或烘笼烘干，有的用锅炒干，有的用滚筒炒干，也有日晒，但不论用何种方法，其目的都是：继续使内含物发生化学变化，提高内在品质；在揉捻的基础上整理、改进外形；去除水分，防止霉变，便于贮藏。最后经干燥的茶叶，含水量要求在7%以内，以手捻叶能成碎末为度。

（2）红茶加工技术

红茶加工工艺流程：鲜叶→萎凋→揉捻→发酵→干燥。

红茶对鲜叶的要求：除小种红茶要求鲜叶有一定成熟度外，工夫红茶和红碎茶都要求有较高的嫩度，一般是以一芽二、三叶为标准。采摘季节也有关，一般夏茶采制红茶较好，这是因为夏茶多酚类化合物含量较高，适制红茶。下面以工夫红茶为例介绍红茶的加工工艺。

萎凋是使鲜叶失去一部分水分，叶片变软，青草气消失，并散发出香气。萎凋方法有自然萎凋和萎凋槽萎凋两种。萎凋槽一般长10米、宽1.5米，框边高20厘米。摊放叶的厚度一般在18～20厘米，下面鼓风机气流温度在35℃左右，萎凋时间4～5小时适度。常温下自然萎凋时间以8～10小时为宜。萎凋适度的茶叶萎缩变软，手捏叶片有柔软感，无摩擦响声，紧握叶子成团，松手时叶子松散缓慢，叶色转为暗绿，表面光泽消失，鲜叶的青草气减退，透出萎凋叶特有的清香。

揉捻的作用，一是使叶细胞通过揉捻后破坏，茶汁外溢，加速多酚类化合物的酶促氧化，为形成红茶特有的内质奠定基础；二是使叶片揉卷成紧直条索，缩小体积，塑造紧结外形；三是茶汁溢聚于叶条表面，冲泡时易溶于水，形成外形光泽，增加茶汤浓度。

发酵是指在酶促作用下，以多酚类化合物氧化为主体的一系列化学变化的过程，是工夫红茶形成品质的关键过程。发酵室气温一般为24～25℃，相对湿度95%，摊叶厚度一般以8～12厘米为宜。发酵适度的茶叶青草气消失，出现一种新鲜的、清新的花果香，叶色红变，春茶黄红色、夏茶红黄色，嫩叶色泽红匀，老叶因变化困难常红里泛青。

干燥是指发酵好的茶叶必须立即送入烘干机烘干，以防止茶叶继续发酵。烘干一般分两次，第一次称毛火，温度为110～120℃，使茶叶含水量在20%～25%；第二次称足火，温度为85～95℃，使茶叶成品含水量为6%左右。

（3）黄茶加工技术

黄茶加工工艺流程：鲜叶→杀青→揉捻→闷黄→干燥。

黄茶的杀青、揉捻、干燥等工序均与绿茶制法相似，其最重要的工序在于闷黄，这是形成黄茶特点的关键，主要做法是将杀青或揉捻或毛火后的茶叶用纸包好，或堆积后以湿布盖之，时间以几十分钟或几个小时甚至几天不等，促使茶坯在湿热作用下进行非酶性的自动氧化，以成黄色特征。

（4）青茶加工技术

青茶制法综合了绿茶和红茶制法的优点，叶底绿、叶红边，兼备绿茶的鲜浓和红茶的甜醇。

青茶加工工艺流程：鲜叶→萎凋→做青→炒青→揉捻→干燥。

青茶对鲜叶的要求是不要太嫩，也不要过于粗老，即要有适当的成熟程度，一般以嫩梢全部开展、发育将要成熟、形成了驻芽的时候，采下一芽三、四叶作为加工青茶的鲜叶为最好。

青茶通过萎凋散发部分水分，提高叶子韧性，便于后续工序进行；同时伴随着失水过程，酶的活性增强，散发部分青草气，利于香气透露。萎凋方法有四种：凉青（室内自然萎凋）、晒青（日光萎凋）、烘青（加温萎凋）、人控条件萎凋。

青茶萎凋与红茶萎凋不同。红茶萎凋不仅失水程度大，而且萎凋、揉捻、发酵工序分开进行；而青茶的萎凋和发酵工序不分开，两者相互配合进行。通过萎凋，以水分的变化，控制叶片内物质适度转化，达到适宜的发酵程度。

做青是青茶制作的重要工序，特殊的香气和“绿叶红镶边”就是在做青中形成的。萎凋后的茶叶置于筛或摇青机中摇动，使叶片互相碰撞，擦伤叶缘细胞，从而促进酶促氧化作用。摇动后，叶片由软变硬。再静置一段时间，氧化作用相对减缓，使叶柄叶脉中的水分慢慢扩散至叶片，此时鲜叶又逐渐膨胀，恢复弹性，叶子变软。经过有规律的动与静的过程，茶叶发生了一系列生物化学变化。叶缘细胞的破坏，发生轻度氧化，叶片边缘呈现红色。叶片中央部分，叶色由暗绿转变为黄绿，即所谓的“绿叶红镶边”；同时水分的蒸发和运转，有利于香气、滋味的发展。

做青（摇青）是青茶制造特有的工序，是形成青茶品质的关键性过程，是奠定青茶香气和滋味的基础。

青茶的内质已在做青阶段基本形成，炒青是承上启下的转折工序，它像绿茶的杀青一样，主要是抑制鲜叶中酶的活性，控制氧化进程，防止叶子继续红变，固定做青形成的品质。其次是低沸点青草气挥发和转化，形成馥郁的茶香。同时通过湿热作用破坏部分叶绿素，使叶片黄绿而亮。此外，还可挥发一部分水分，使叶子柔软，便于揉捻。

干燥可抑制酶性氧化，蒸发水分和软化叶子，并起热化作用，消除苦涩味，促进滋味醇厚。

（5）白茶加工技术

白茶制法特异，不炒不揉，成茶外表满披白毫，呈白色，故称“白茶”。白茶依鲜叶采摘标准不同而分为银针、白牡丹、贡眉和寿眉。采自大白茶或水仙品种嫩梢的肥壮芽头制成的成品称“银针”；采自大白茶或水仙品种嫩梢的芽、叶制成的成品称“白牡丹”；采自菜茶群体的芽叶制成的成品称“贡眉”；由制“银针”时采下的嫩梢经“抽针”后，剩下的叶片制成的成品称“寿眉”。

白茶加工工艺流程：鲜叶→萎凋→干燥。

萎凋是制白茶的重要工序。其做法是先将鲜叶薄薄摊开，开始一段时间里，以水分蒸发为主。随着时间的延长，鲜叶水分散失到了相当程度后，自体分解作用逐渐加强。随着水分的丧失与内质的变化，叶片面积萎缩，叶质由硬变软，叶色由鲜绿转变为暗绿，香气也相应地改变，这个过程称为萎凋。

以白毫银针为例，其萎凋程度一般要达八九成干后，再用火烘至足干（含水量5%~6%），然后装箱贮藏即可。

（6）黑茶加工技术

黑茶成品繁多，炒制技术和压造成形的方法不尽相同，形状多样化、品质不一，但有共同的特点：一是一般鲜叶较粗，外形粗大，叶老梗长；二是都有渥堆变色的过程，有的采用毛茶渥堆变色，如湖北老青砖和四川茯砖的品种；有的采用湿坯渥堆变色，如湖南黑茶和广西六堡茶等；三是黑茶成品多经压造成型，便于长途运输和贮藏保管。

黑茶加工工艺流程：鲜叶→杀青→揉捻→渥堆→干燥。

黑茶不同于其他茶类的重要工序是渥堆，这是形成黑茶色香味的关键工序。主要做法是先通过杀青，在抑制酶促作用的基础上进行渥堆，这是黑茶特有的制造技术。以湖南黑茶为例，渥堆要在背窗、洁净的地面，避免阳光直射，室温在25℃以上，相对湿度保持在85%左右，茶坯水分含量保持在65%左右。初揉后的茶坯，不经“解块”立即堆积起来，堆高约1米，上面加盖湿布、蓑衣等物，借以保温、保湿。待堆积24小时左右，手深入堆内感觉发热，茶堆表层出现水珠、叶色黄褐，嗅到酸辣气或酒糟气，立即开堆“解块”复揉，先揉堆内茶坯，外层茶坯继续渥堆，以弥补表层茶坯渥堆的不足。

渥堆主要有两个目的：一是破坏叶绿素，使叶色由暗绿变成黄褐；二是使多酚类化合物氧化，除去部分涩味和收敛性。

（7）花茶加工技术

花茶属于再加工茶类，是茶叶的主要品种之一。窨制花茶的毛茶，主要是绿茶，其次是青茶和红茶。绿茶中烘青数量最多，窨花质量也最好。

花茶往往以所窨制的香花不同而冠以不同的名称，如茉莉花茶、珠兰花茶、桂花花茶等，其中又以茉莉花茶量最大。

花茶窨制技术主要是鲜花吐香和茶胚吸香的过程。鲜花的吐香是生物化学变化，成熟的鲜花在酶、温度、水分、氧气等作用下，分解出芳香物质，而不断地吐出香气来。茶胚吸香是在物理吸附作用下，随着吸香同时也吸收水分，由于水的渗透作用产生了化学吸附，在湿热作用下发生了复杂的化学变化，茶汤从绿逐渐变黄亮，滋味由淡涩转为浓醇，形成特有的花茶的香色味。

花茶窨制传统加工工艺流程：茶、花拼和→堆窨→通花→收堆→起花→烘焙→冷却→转窨或提花→匀堆→装箱。

茶叶泡饮

茶叶泡饮的基本环节有选茶、备器、择水、冲泡、品茶等程序。

（1）选茶

自饮可以随意选茶。待客一方面要选用好茶，另一方面还要根据客人的喜好来选择茶叶的品种。一般情况下，可通过事先了解或当场询问来了解客人对茶的喜好，同时也可根据客人情况有选择地推荐茶叶。

一年之中，为了迎合四季的变化、增加饮茶的情趣，也可根据季节选择茶叶，如春夏饮绿茶、花茶等。绿茶的绿汤、绿叶充满春天的气息，透出清凉，消暑止渴。绿茶以新为贵，不宜贮存，在夏季高温季节前先饮不失为一种好的选择。秋冬饮乌龙茶、红茶、黑茶等。乌龙茶不寒不温，介于红茶、绿茶之间，香气迷人，工夫泡法充满情趣。红茶味甘性温，能驱寒暖胃。同时，红茶可以调饮，充满浪漫气息。

一天之中，白天可选择绿茶、轻发酵的乌龙茶、花茶等，晚上可选择重发酵的乌龙、红茶、黑茶等。当然，这只是相对来说，各种茶类饮用的季节性和时序性并非绝对，任何时节饮用任何茶都是可行的。

选好茶后，可以将茶叶的产地、品质特色、历史文化等对客人进行简要介绍，以便客人更好地赏茶、品茶，在得到物质享受的同时也能得到茶文化的熏陶。

（2）备器

根据茶叶的特点，选择不同的茶具，才能相得益彰。如冲泡各种名优茶、绿茶、花茶等可用高密度瓷器茶具，泡茶时茶香不易被吸收，显得特别清洌。而那些香气低沉的茶叶，如铁观音、水仙、普洱等，则常用低密度的陶器冲泡，主要是紫砂壶，因其气孔率高、吸水量大，茶泡好后，持壶盖即可闻其香气。在冲泡乌龙茶时，同时使用闻香杯和啜茗杯后，闻香杯中残余茶香不易被吸收，可以用手捂之，其杯底香味在手温作用下很快发散出来达到闻香目的。

器具质地还与施釉与否有关。原本质地较为疏松的陶器，若在内壁施了白釉，就等于穿了一件保护衣使气孔封闭，成为类似密度高的瓷器茶具，同样可用于冲泡清淡的茶类。这种陶器的吸水率也变小了，气孔内不会残留茶汤和香气，清洗后可用来冲泡多种茶类，性状与瓷质、银质的相同。未施釉的陶器，气孔内吸附了茶汤与香气，日久冲泡同一种茶还会形成茶垢，不能用于冲泡其他茶类，以免串味，而应专用，这样才会使香气越来越浓郁。

细嫩的名优绿茶可用透明玻璃杯冲泡，以显示其独特的品质特色，边冲泡边欣赏茶叶在水中缓慢吸水而舒展、徐徐浮沉而游动的姿态，领略“茶舞”的情趣。但不论冲泡何种细嫩名优绿茶，茶杯均宜小不宜大，大则水量多、热量大，会将茶叶泡熟，使茶叶色泽失却绿翠；其次会使芽叶软化，不能在汤中林立，失去姿态；另外会使茶香减弱，甚至产生“熟汤味”。

冲泡中高档红、绿茶，如眉茶、烘青、工夫红茶和珠茶等，应以闻香品味为首要，而观形略次，可用瓷杯直接冲饮。低档红、绿茶，其香味及化学成分略低，用壶沏泡，水量较多而集中，有利于保温，能充分浸出茶叶之茶味，可得较理想之茶汤，并保持香味。各档红碎茶体形小，用茶杯冲泡时茶叶悬浮于茶汤中不方便饮用，宜用茶壶沏泡。对于高档花茶可用玻璃杯或白瓷杯冲饮，以显示其品质特色，也可用盖碗或

玻璃杯壶组合茶具

带盖的杯冲泡，以防止香气散失；普通低档花茶，则用瓷壶冲泡，可得到较理想的茶汤，保持香味。袋泡茶可用白瓷杯或瓷壶冲泡。品饮冰茶，用玻璃杯为好。

品饮乌龙茶最好采用成套的工夫茶具。该茶具的一人用壶，状若橘子，分外小巧，而配套的茶杯仅有乒乓球的一半大，壶、杯同置于椭圆形的茶盘中。公道杯的用法是先将茶壶中的茶汤倒入公道杯，再由公道杯倒入茶杯。这样可使茶汤的浓淡均匀，还可将茶渣留置在茶海内，向杯中倒起茶来也较方便。

现代工夫茶具组合

另外，品饮乌龙茶时，宜同时设“闻香杯”“品饮杯”。品饮时，先将茶汤倒入闻香杯，再由闻香杯倒入品饮杯后，即持闻香杯至鼻尖处“闻香”，闻过茶香后再品茶。

（3）择水

茶叶必须通过开水冲泡才能为人们所享用，水质直接影响茶汤的质量，所以中国人历来非常讲究泡茶用水。在选水时以清澈甘洌的泉水为佳，在生活中可选用矿泉水和纯净水来泡茶。当然，只要符合国家规定的生活饮用水标准的水都可作为泡茶用水，其基本条件是无异色、异味、异臭，无肉眼可见物，混浊度不超过5度，pH值为6.5~8.5，总硬度不高于25度，毒理学细菌指标等各项指标均符合标准。

泡茶用水究竟以何种为好，自古以来就引起人们的重视和兴趣。唐代陆羽在《茶经》中指出："其水，用山水上，江水中，井水下。其山水，拣乳泉、石池漫流者上。""龙井茶，虎跑水"被称为杭州的"双绝"，可见用什么水泡茶，对茶汤的品质起着十分重要的作用。

黄山翡翠谷溪水

品茶注重水质，这是因为水是茶汤的载体。在泡茶过程中茶叶中各种物质的体现、愉悦心情的产生、无穷意趣的回味，都要通过水来体现。水质不好会直接影响茶叶的色、香、味、韵，只有好水、好茶，味才美。再好的茶叶，无好水衬托配合，茶的优异品质也无法体现，也就失去了品茶给人们带来的物质和精神的享受。

（4）冲泡

泡茶时，茶与水的比例称为茶水比。不同的茶水比，泡出的茶汤香气高低、滋味浓淡各异。茶水比过小（泡茶水量多），茶汤味淡香低；茶水比过大（泡茶水量少），茶汤过浓，滋味苦涩。故泡茶的茶水比应适当。由于各种茶叶的成分含量及其溶出比例不同，以及各人饮茶习惯的不同，对茶水比的要求也不同。

一般而言，冲泡绿茶、红茶、花茶的茶水比可采用1∶50为宜，即用普通玻璃杯、茶杯泡茶，每杯置3克茶叶，冲入150毫升的沸水。品饮铁观音、武夷岩茶等乌龙茶类，因对茶汤的浓度要求高一些，茶水比可适当放大，以1∶20为宜，即3克茶叶，冲入60毫升的水。细嫩茶叶的用水量适当减少，粗老茶叶的用水量适当增大。

再从个人嗜好、饮茶时间来讲，喜饮浓茶者，茶水比可大些，喜饮淡茶者，茶水比可小些；饭后或酒后适度饮茶，茶水比可大些，临睡前宜饮淡茶，茶水比则应小些。

水温的选择因茶而异，茶越细嫩水温则低，茶越粗老水温则高。沏茶的水温高低是影响茶叶水溶性内含物浸出和香气挥发的重要因素。水温过低，茶叶的滋味成分——香味，就不易充分溢出；水温过高，特别是闷泡，则易造成茶汤的汤色和茶叶的暗黄，且香气低。但用水沸过久的水沏茶，则茶汤的新鲜风味也要受损。沏茶水温的高低要因茶而异。

不同茶类对沏茶水温的要求也不同。一般来说，细嫩的高级绿茶，以水温85℃左右的水冲泡为宜。如沏名茶碧螺春、明前龙井、太平猴魁、黄山毛峰、君山银针等，切勿用沸水冲泡。因芽叶细嫩，用沸水则将芽叶烫泡至过热而变黄变老，失去茶叶的香味，其营养成分也随之减少。可将沸水先冲入保温瓶内，过一段时间，待水温下降至85℃左右时再沏茶。而乌龙茶、花茶宜用95℃的水冲泡；红茶如滇红、祁红等可用沸水冲泡；普洱茶用沸水冲泡，才能泡出其香味，且要即冲即饮，沏水后以浸泡2～3分钟为佳，勿超过5分钟，以保持茶香；一般绿茶、红茶、花茶等也宜用刚沸的水沏茶；而原料粗老的紧压茶类，还不宜用沸水沏，需用煎煮法才能使水溶性物质较快溶解，以充分提取出茶叶内的有效成分，保持鲜爽味。

但仅从营养角度考虑，用沸水沏茶可使茶水中的水溶性物质较快较多地溢出。经研究，同样的沏茶时间，用沸水冲茶，茶叶中有效成分的浸出量为用低温水冲泡的2倍。随着沏茶水温的提高，茶叶中的茶多酚、氨基酸、糖类、咖啡碱等成分的浸出率相应增大，除糖类外，都以水温90℃升至100℃时，其浸出率的增幅最大。这说明沏茶水温的提高有利于茶叶有效成分的浸出，对人体健康有益，同时也有利于茶汤浓度的提高。

当茶水比和水温一定时，溶入茶汤的滋味成分则随着时间的延长而增加，因此沏茶的冲泡时间和茶汤的色泽、滋味的浓淡爽涩密切相关。另外，茶汤冲泡时间过久，茶叶中的茶多酚、芳香物质等会自动氧化，降低茶汤的色香味；茶中的维生素C、维生素P、氨基酸等也会因氧化而减少，从而降低茶汤的营养价值。茶汤搁置时间过久还易受环境的污染。如茶叶的浸泡时间特别长，则茶叶中的碳水化合物与蛋白质易滋生细菌而引起霉变，更对人体健康造成危害，故日常家庭沏茶也要掌握沏泡的时间。沏茶时间短，茶汁没有泡出；沏茶时间长，茶汤会有闷浊滋味。日常沏茶提倡边泡边饮为佳。一般红茶、绿茶以冲泡5分钟为宜；红碎茶、绿碎茶因经揉切作用，颗粒细小，茶叶中的成分易浸出，冲泡3～4分钟即可（如在茶中加糖或加奶后再冲泡也以5分钟为宜）；乌龙茶因沏茶时先要用沸水浇淋壶身以预热，且茶水比重大，故冲泡时间可缩短为第一次冲泡时间为1分钟，第二次冲泡时间为1.5分钟，第三次为2分钟，第四次为2.5分钟，依次递增，以使茶汤不会先浓而淡；紧压茶为获得较高浓度的茶汤，用煎煮法煮沸茶叶的时间应控制在10分钟以上。

一杯茶，其冲泡次数也宜掌握一定的"度"。一般茶叶在冲泡3次后就基本无茶汁。根据测定，头道茶汤含水浸出物总量的50%；二道茶汤含水浸出物总量的30%；三道茶汤含水浸出物总量的10%；四道则仅为浸出物总量的1%～3%。另外，茶叶中的微量元素往往最后才被泡出，故茶叶经过反复冲泡会使茶叶中的有害成分（茶中镉、铬等有害元素；茶中的铜、锌含量过多，对人体也有毒副作用；茶中的草酸或钙的含量过多，也易累积在体内，形成草酸钙结石等）也被浸出而有害人体健康。日常沏茶，无论绿茶、红茶、乌龙茶、花茶，均采用多次冲泡法，一般以冲泡3次为宜，以充分利用茶叶中的有效成分。但沏茶次数过多，则茶汤色淡，也无营养成分，甚而有害人体健康。

（5）品茶

品茶内容有：一审茶名，二观茶形，三赏茶色（干茶、茶汤），四闻茶香（干茶、茶汤），五尝滋味。

茶叶的名称是茶文化的一部分，俗话说"茶叶学到老，茶名记不了"。茶叶名称的由来有的是出自产地、有的源于传说，很值得细细品味。欣赏干茶，即在选茶后对茶的欣赏，包括茶的产地、传说故事、诗词等茗茶文化的内容，也包括茶的外形、色泽、香气等品质特征的鉴赏。

品尝茶汤的过程是先闻茶香，无盖茶杯是直接闻茶汤飘逸出的香气，如用盖杯、盖碗，则可取盖闻香。温嗅主要评比香气的高低、类型、清浊，冷嗅主要看其香的持久程度。然后再观看茶汤色泽。茶汤色泽因茶而异，即使是同一种茶类茶汤色泽也有一点不同，大体上说，绿茶茶汤翠绿清澈，红茶茶汤红艳明亮，乌龙茶茶汤黄亮浓艳，各有特色。最后尝味，小口喝茶，细品其味。使茶汤从舌尖到舌两侧再到舌根，可辨绿茶的鲜爽、红茶的浓甘，同时也可在尝味时再体会一下茶的茶气。茶叶中鲜味物质主要是氨基酸类物质，苦味物质是咖啡碱，涩味物质是多酚类，甜味物质是可溶性糖。红茶加工过程中多酚类的氧化产物有茶黄素和茶红素，其中茶黄素是汤味刺激性和鲜爽的重要成分，茶红素是汤味中甜醇的主要因素。

品茶不仅是品赏茶的色、香、味、形，更要注重精神上的享受，重在意境的感受和追求。品茶是需要用心的，要细细品啜，徐徐体味，从茶的色、香、味、形中获得审美的愉悦。品茶也不单单靠味觉辨别茶味，还与嗅觉、视觉，乃至心理因素等协同作用，以欣赏茶的香气、体味茶的滋味，并促成与形、色相关的联想，即品茶还与“赏”相联系。古人对美的欣赏称为“品赏”，对茶也如此。品茶能怡情、悦性、得神、得趣，从而进入高远的精神境界。

明代冯可宾的《岕茶笺》提出宜于“品茶”的“无事、佳客、幽坐、吟咏、挥翰、倘徉、清供、精舍、会心、赏鉴”等13个条件，明代许次纾的《茶疏》也提出“饮时”有“心手闲适、披咏疲倦、听歌闻曲、杜门避事、鼓琴看画、明窗净几、风日晴和、轻阴微雨、小桥画舫、茂林修竹、课花责鸟、荷亭避暑、小院焚香、酒阑人散、清幽寺观、名泉怪石”等24事。

明代黄龙德的《茶说》云：“饮不以时为废兴，亦不以候为可否，无往而不得其应。若明窗净几，花喷柳舒，饮于春也。凉亭水阁，松风萝月，饮于夏也。金风玉露，蕉畔桐阴，饮于秋也。暖阁红垆，梅开雪积，饮于冬也。僧房道院，饮何清也。山林泉石，饮何幽也。焚香鼓琴，饮何雅也。试水斗茗，饮何雄也。梦回卷把，饮何美也。古鼎金瓯，饮之富贵者也。瓷瓶窑盏，饮之清高者也。”品茶已完全摆脱口腹之饮，成为一门艺术修养。

“饮茶以客少为贵，客众则喧，喧则雅趣乏矣。独啜曰神，二客曰胜，三四曰趣，五六曰泛，七八曰施。”（明代张源《茶录》）茶须静品，独自品茶无干扰，心容易虚静，精神容易集中，性情容易随着茶香而升华。独自品茶，是心至茶之路，也是茶至心之路。心游无穷，思通万载，天人合一。品茶不仅可以沟通人与自然，而且也可以是人与人、心与心间的沟通。邀一知己或两三好友共饮，或推心置腹倾诉衷肠，或无需多言心有灵犀，或松下品茗对弈赏景，或闲庭品茗抚琴听曲，或幽窗品茗论诗观画，或寒夜以茶当酒，这些都是人生乐事，有无限情趣。“竹下忘言对紫茶，全胜羽客醉流霞。尘心洗尽兴难尽，一树蝉声片影斜。”（唐代钱起《与赵莒茶宴》）品茶是心的歇息，心的澡雪，以闲适、虚静、空灵、简易为本。

对于日常品茶而言，仔细品味有助于在品茶生活中更好地获得审美感悟。在品茶之前，需把心灵空间的挤轧之物、堆垒之物，尽量排解开去，静下神来，定下心来，开始走进品茶审美的境界，静静领悟茶之名、茶之形、茶之色、茶之香、茶之味的种种美感。

五、饮用注意

（1）不宜饮用贮存尚不足一个月的新茶。

（2）不宜饮用烟焦茶。

（3）不宜饮用霉变茶。

（4）不宜饮用隔夜茶。

（5）不宜空腹饮浓茶。

（6）不宜饭后立即饮茶。

（7）不宜睡前饮茶。

（8）不宜饮过量的茶。

（9）妇女的行经期、妊娠期、临产期、哺乳期不宜饮茶。

神农与茶

相传，在蛮荒年代，到处都生长着千奇百怪的植物，究竟哪些可以吃呢？人们不得其解，于是神农氏就亲尝百草，准备选出一些能结籽的植物，让先民们种植。有一天，他尝了几种植物，这些植物汇集成“七十二毒”，弄得他口干舌燥，十分难受。据清代陈元龙所编撰的《格致镜原》中记载，“《本草》：神农尝百草，一日而遇七十毒，得茶以解之。今人服药不饮茶，恐解药也。”原来，正当神农氏无计可施之时，忽然一阵清风吹来几片绿叶飘落在他跟前。他习惯性地捡起来送入口中咀嚼，其汁液苦涩，气味却芬芳爽口，他就将这几片绿叶嚼碎咽了下去，过了一会儿，肚里风平浪静，舒服多了。神农氏此时才意识到刚才吃的绿叶具有解毒的功效，于是他起身沿着山坡到处寻找刚才吃的那种绿叶。经过三天的寻找，神农氏终于在一座小山坡上找到几棵树，他爬上树采摘了一些绿叶，欣喜异常。这些绿叶就是如今所说的茶叶。

绿　茶

绿茶（Green tea）是“不发酵茶”，是中国生产历史最悠久、产区最为辽阔的主要茶类。早在一千多年前的唐朝，我国已采用蒸青方法加工绿茶。在绿茶加工过程中，由于高温作用，破坏了茶鲜叶中酶的活性，阻止了茶叶中的主要成分多酚类物质的酶促氧化，较多地保留了鲜叶中原有的各种化学成分，保持了“清汤绿叶”的品质风格。绿茶的主要品质特征是“三绿”，即干茶色泽翠绿、汤色黄绿、叶底嫩绿。按其杀青和干燥方式的不同，可分为蒸青、炒青、烘青和晒青四种类型。

绿茶主产于中国，亦是产量最多的一类茶叶，全国20个产茶省（区、市）都生产绿茶。近年来，采摘早春原料以传统手工和半机械化加工方法为主生产的名优绿茶种类繁多。绿茶也是我国最主要的出口茶类，以机械化加工方法生产的眉茶、珠茶和蒸青等大宗茶类主要供应出口。在世界绿茶贸易中，中国出口的绿茶占80%左右。

西湖龙井

火前嫩，火后老，惟有骑火品最好。
西湖龙井旧擅名，适来试一观其道。
村男接踵下层椒，倾筐雀舌还鹰爪。
地炉文火续续添，乾釜柔风旋旋炒。
慢炒细焙有次第，辛苦工夫殊不少。
王肃酪奴惜不知，陆羽茶经太精讨。
我虽贡茗未求佳，防微犹恐开奇巧。
防微犹恐开奇巧，采茶朅览民艰晓。

——《观采茶作歌》（清）
爱新觉罗·弘历

一、物种本源

西湖龙井产于浙江省杭州市西湖西南的秀山峻岭之间，龙井茶选用的有龙井群体种、龙井43、龙井长叶、鸠坑种等经审（认）定的适宜加工龙井茶的茶树良种。一般来说，群体种采摘的时间较其他品种要晚一些，大约在清明，该品种的种植面积仅限于西湖产区，产量十分有限。历史上，龙井茶有“狮”“龙”“云”“虎”四个品类之分。“狮”字号为龙井村狮子峰、灵隐上天竺一带所产；“龙”字号为龙井、翁家山一带所产；“云”字号为云栖、梅家坞一带所产；“虎”字号为虎跑、四眼井一带所产。四个品类品质以“狮”字号“狮峰龙井茶”最佳。20世纪50年代后，随着生产的发展和品质风格的变迁，调整为“狮峰龙井茶”“梅坞龙井茶”“西湖龙井茶”三个品类，品质仍以“狮峰龙井茶”为珍，现统称为“西湖龙井茶”。

杭州狮峰茶园

二、食材感观品质

西湖龙井外形扁平，光滑，挺秀尖削，长短、大小均匀整齐，芽锋显露；色泽绿中稍带黄，呈嫩绿色；汤色嫩绿明亮；香气高爽，馥郁持久；滋味醇厚甘鲜；叶底芽叶成多朵，嫩绿明亮；具有“色绿、香郁、味醇、形美”的特点。

西湖龙井茶按感官品质可分为特级、一级、二级、三级、四级、五级。各级西湖龙井茶感官品质应符合下表的要求。

各级西湖龙井茶的感官品质要求

项目	特级	一级	二级	三级	四级	五级
外形	扁平光润，挺直尖削；嫩绿鲜润；匀整重实；匀净	扁平光滑，尚润，挺直；嫩绿尚鲜润；匀整有锋；洁净	扁平挺直，尚光滑；绿润；匀整；尚洁净	扁平，尚光滑；尚挺直；尚绿润；尚匀整；尚洁净	扁平，稍有宽扁条；绿稍深；尚匀；稍有青黄片	尚扁平，有宽扁条；深绿较暗；尚整；有青壳碎片
香气	清香持久	清香尚持久	清香	尚清香	纯正	平和
滋味	鲜醇甘爽	鲜醇爽口	尚鲜	尚醇	尚醇	尚纯正
汤色	嫩绿明亮、清澈	嫩绿明亮	绿明亮	尚绿明亮	黄绿明亮	黄绿
叶底	芽叶细嫩成朵，匀齐，嫩绿明亮	细嫩成朵，嫩绿明亮	尚细嫩成朵，绿明亮	尚成朵，有嫩单片，浅绿尚明亮	尚嫩匀，稍有青张，尚绿明	尚嫩欠匀，稍有青张，绿稍深
其他要求	无霉变，无劣变，无污染，无异味					
	产品洁净，不得着色，不得夹杂非茶类物质，不含任何添加剂					

来源于《地理标志产品　龙井茶》GB/T18650—2008。

三、加工与泡法

加工

西湖龙井加工的基本工艺：鲜叶摊放、青锅、摊凉回潮、辉锅。目前西湖龙井的加工工艺流程有全程手工加工与先机械后手工组合加工之分。炒制手法复杂，有抖、搭、煽、捺、甩、抓、推、扣、压、磨等，号称“十大手法”。

① 手工加工工艺流程：鲜叶摊放→手工青锅→摊凉回潮→青锅叶分筛→手工辉锅→干茶分筛→挺长头→复筛后归堆→收灰与贮藏。

②机械与手工组合加工工艺流程：鲜叶摊放→机械青锅→摊凉回潮→手工辉锅→干茶分筛→挺长头→复筛后归堆→收灰与贮藏。

龙井茶炒制

泡法

用玻璃杯或盖碗冲泡，茶水比为1∶50左右，水温为85℃左右。

程序：温杯→投茶→润茶→冲泡→静置→品饮。

乾隆皇帝与18棵御茶树

清朝乾隆年间，风调雨顺，国力强盛。喜爱周游天下的乾隆皇帝出巡江南，来到名城杭州。在西子湖畔，美丽迷人的湖光山色使乾隆皇帝大饱眼福。

当乾隆皇帝来到胡公庙前的茶园时，只见这里的十几棵茶树枝繁叶茂，葱茏碧绿，芽梢齐发，雀舌初绽，充满生机。乾隆来到采茶姑娘们跟前，就学着采摘了一些新茶芽。接着知州和胡公庙的住持陪着乾隆参观了狮峰山下的茶场，观看了新茶炒制的过程。临行时，茶场还送给乾隆皇帝狮峰龙井茶。

乾隆回到京城时，恰逢太后身体不适，乾隆就将从杭州带回来的狮峰龙井茶命太监送给太后饮用。太后也很喜欢这种龙井茶，连喝几天便觉得身体渐渐清爽起来。乾隆闻讯大喜，随即传旨给胡公庙住持，赐封胡公庙前的18棵茶树为御茶，每年产的龙井茶进贡给朝廷。州府派专人看管狮峰山下胡公庙前18棵茶树，年年精心采制，专供太后享用。这样，龙井茶也就蜚声天下了。这就是18棵御茶的来历。之后，狮峰山下的胡公庙成了杭州西湖旅游胜地之一。如今，胡公庙已经荡然无存，但18棵御茶树尚在。

碧螺春

珠是吴船雨，香为楚岫云。廿年前事一销魂。小阁建兰开也，同试碧螺春。

镜屉藏诗札，铃绦晾绣巾。羊车共载出吴闉。看煞萧郎，看煞画中人。看煞银泥衫子，衫底藕花裙。

——《喝火令（其四）》（清）樊增祥

一、物种本源

碧螺春产于太湖内洞庭东西二山（江苏省苏州市吴中区），故又名洞庭碧螺春。洞庭碧螺春产区是中国著名的茶、果间作区，茶树和桃、李、杏、梅、柿、橘、白果、石榴等果木交错种植。茶树、果树枝桠相连，根脉相通。

二、食材感观品质

碧螺春外形条索纤细、茸毫披覆、卷曲似螺；色绿隐翠；香气鲜雅、兰韵突出；滋味醇厚、回味绵长；汤色清澈黄绿；叶底嫩绿。当地人形象而生动地将其描述为“铜丝条、蜜蜂腿、花果香、浑身毛”。

茶树与果树套种

三、加工与泡法

加工

鲜叶采摘从春分开采，至谷雨结束，采摘的标准为一芽一叶初展，对采摘下来的芽叶要进行严格拣剔，去除鱼叶、老叶和过长的茎梗。高级的碧螺春，0.5千克干茶需要茶芽6万～7万个。炒制特点是炒揉并举，关键在提毫，即搓团焙干工序。

搓团显毫

① 传统加工工艺流程：鲜叶拣剔→杀青→热揉成形→搓团显毫→干燥。

② 机械加工工艺流程：鲜叶拣剔→杀青→热揉→初烘→做形→提毫→足干。

泡法

用玻璃杯或盖碗冲泡，茶水比为1∶50，水温为85℃左右。碧螺春适合采用上投法，即先在杯中注水后投茶的泡茶手法。

用玻璃杯冲泡碧螺春

程序：温杯→注水→投茶→静置→品饮。

康熙皇帝与碧螺春茶

清代王彦奎的《柳南随笔》记载，“洞庭山碧螺峰石壁产野茶，初未见异”，直到康熙年间的一年初春，一位茶农登山时，发现了这种野茶，又正是采摘的时节，就采摘了很多。可是他的背筐装不下，就兜在胸前的围裙里。他下山时就觉得围裙里的茶叶散发出一种“异香”，不由吃惊地喊出“吓煞人香”来，因此就称它“吓煞人香”。清康熙三十八年（1699年），康熙皇帝“驾幸太湖”，当地官员以此茶献给康熙，博得赞许，问到茶名，觉得过于俗气。康熙品味着香茗说：“这种茶状如青铜丝，又形似卷螺，还产于碧螺峰，就叫碧螺春吧！”从此“吓煞人香”就以“碧螺春”的名字名扬天下了。

黄山毛峰

借得云房半榻眠，三生夙结静中缘。
茶垆漫著松枝火，趺坐蒲团听夜禅。

——《花山寺看黄山（其二）》
（宋）柳桂孙

一、物种本源

黄山毛峰为一种雀舌形细嫩烘青，选用黄山种、褚叶种、滴水香、茗洲种等地方良种茶树和从中选育的良种采制。黄山毛峰的主产区位于安徽省黄山风景区，以及黄山市黄山区的汤口、冈村、芳村、三岔、谭家桥、焦村；徽州区的充川、富溪、杨村、洽舍；歙县的大谷运、竦坑、许村、黄村、璜蔚、璜田；休宁县的千金台等地。黄山毛峰历史悠久，前身是黄山云雾茶。明崇祯八年（1635年），许楚在《黄山游记》中记载："庵地平旷约二亩许，四楹三室，左右映带，篱茨甚幽丽。就石缝养茶，多轻香冷韵，袭人断腭不去，所谓黄山云雾茶是也。"清代江澄云也在《素壶便录》中记载："黄山有云雾茶，产高山绝顶，烟云荡漾，雾露滋培，其柯有历百年者，气息恬雅，芳香扑鼻，绝无俗味，当为茶中第一。"

黄山毛峰是清代光绪年间由谢裕大茶庄所创制的。茶庄创始人谢静

毛峰茶园

和以茶为业，不仅经营茶庄，而且精通茶叶采制技术。在他的经营下，黄山毛峰渐负盛名。

二、食材感观品质

黄山毛峰形似雀舌，匀齐壮实，峰显毫露；色如象牙，鱼叶金黄；清香高长；汤色清澈；滋味鲜浓、醇厚、甘甜；叶底嫩黄，肥壮成朵。其中“鱼叶金黄”和“色如象牙”是特级黄山毛峰不同于其他毛峰的两大明显特征。

三、加工与泡法

加工

黄山毛峰产品分特级、一级、二级、三级。特级黄山毛峰又分上、中、下三等，一级至三级也各分两个等级。特级黄山毛峰的采摘标准为一芽一叶初展，一级至三级黄山毛峰的采摘标准分别为一芽一叶、一芽二叶初展、一芽三叶初展。特级毛峰于清明前后开采，一级至三级毛峰于谷雨前后采制。

① 传统加工工艺流程：摊放→杀青→热揉→烘焙。

② 机械加工工艺流程：摊放→杀青→做形→烘干。

传统加工工艺
——烘焙

机械加工工艺
——输送鲜叶至滚筒杀青

泡法

用玻璃杯或盖碗冲泡，水温为80~90℃，茶水比为1：50。

程序：温杯→投茶→润茶→冲泡→静置→品饮。

玻璃杯冲泡黄山毛峰

感念黄山云雾茶，知县出家

用黄山泉水冲泡黄山云雾茶，不仅有美妙滋味且会产生奇妙之景，在徽州民间还流传着这样一段感人的故事。

相传明朝天启年间，江南黟县新任县官熊开元带着书童到黄山春游，一时迷了路，遇到一位斜挎竹篓的老和尚，于是便跟着老和尚到寺院借宿。老和尚泡茶敬客时，知县细看这茶，叶色微黄，形似雀舌，身披白毫，沸水冲泡下去，只看热气绕碗边转了一圈，转到碗中心后就直线升腾，约有一尺高，然后在空中转一圆圈，化成一朵白莲花。那白莲花又慢慢上升化成一团云雾，最后散成一缕缕热气飘荡开来，幽香满室。熊知县问后方知此茶名叫黄山云雾，临别时老和尚赠送此茶一包和黄山泉水一葫芦，并叮嘱一定要用此泉水冲泡才能出现白莲奇观。

再说熊知县回到县衙，正遇同窗好友太平知县来访，便将黄山云雾转赠给太平知县。太平知县想邀功请赏，就将云雾茶献给皇上。皇帝传令进宫表演，然而怎么也不见白莲奇景出现。皇上大怒，太平知县只得据实说出云雾茶乃黟县知县熊开元所献。皇帝立即传令熊开元进宫受审，熊知县进宫后方知未用黄山泉水冲泡之故，讲明缘由后请求回黄山取水。熊知县来到黄山拜见老和尚，老和尚将山泉交付予他。他在皇帝面前再次冲泡玉杯中的黄山云雾，果然出现了白莲奇观，皇帝看得眉开眼笑，便对熊知县说：“朕念你献茶有功，升你为江南巡抚，三日后就上任去吧。”熊知县心中感慨万端，暗忖道：“黄山名茶尚且品质清高，何况为人呢？”于是脱下官服玉带，辞官不做，来到黄山云谷寺出家做了和尚，法名正志。如今在苍松入云、修竹夹道的云谷寺下的路旁，还遗有正志和尚的塔墓。

信阳毛尖

题诗难运笔毫纤，转怯贫家户未严。
质幻漫思调作饼，味甘可许赋为盐。
飞来纷扑争投罅，晴后郎当尽挂檐。
应胜惠山泉水洁，且烹积素试毛尖。

——《雪后用东坡书北台壁诗韵二（其二）》（清）刘天谊

一、物种本源

信阳毛尖为一种针形半炒半烘细嫩绿茶，产于河南省南部大别山区的信阳市。其主要产地在车云山、集云山、天云山、云雾山、震雷山、黑龙潭和白龙潭等地。

二、食材感观品质

信阳毛尖外形紧细、圆直呈针形，白毫显露；锋苗挺秀；色泽翠绿；香高（熟栗子香）、持久；滋味醇厚甘爽，回甘生津；汤色嫩绿或黄绿；叶底嫩绿、匀齐。

三、加工与泡法

加工

信阳毛尖于清明节后开始采摘。采茶时，不采老（叶），不采小

信阳茶园

(叶)，不采马蹄叶（鱼叶)。特级毛尖采摘一芽一叶初展；一级采摘一芽二叶初展；二级采摘一芽二至三叶初展为主，兼有较嫩的二叶对夹叶；三级采摘一芽二至三叶，兼有二叶对夹叶；四、五级采摘一芽三叶及二至三叶对夹叶。

① 传统加工工艺流程：鲜叶分级→摊放→生锅→熟锅→初烘→摊凉→复烘→毛茶整理→再复烘。

② 机械加工工艺流程：鲜叶分级→摊放→杀青→揉捻→解块→理条→初烘→摊凉→复烘。

手工加工——炒生锅

机械加工

玻璃杯冲泡信阳毛尖

泡法

用玻璃杯或盖碗冲泡，茶水比为1∶50，水温为80~90℃。

程序：温杯→投茶→润茶→冲泡→静置→品饮。

信阳毛尖的来历

在信阳的茶山里，一种尖嘴大眼、浑身长满嫩黄色羽毛的小鸟随处可见，它爱捉茶树虫，茶农们都很喜欢它，称它为“茶姐画眉”。据说，茶山上那棵最高最大的老茶树就是茶姐画眉衔籽种的。

那是很早以前，这一带还是荒山，官府和财主强迫百姓开山造地。乡亲们每天从日出干到日落，又饿又累就患上了一种叫“疲劳瘫”的瘟病，不但痛苦不堪，还死了不少人。见此情景，有个名叫春姑的善良姑娘十分焦急，到处奔走，寻医问药。这天，她登上高高的彩云山，看到从陡峭的山中走出一位银须白发的采药老人，姑娘就像见到救星一般向老人求救。老人听罢叹息道：“我采的药草虽多，却治不了这种瘟病，曾听人说，洪荒时期，神农氏尝遍百草，找到一种宝树，只要喝了这种树叶的汤，就可以百病皆除。”

但是老人记不清这种树长在何处，只记得说是一直往西南方向走，翻过九十九座大山，跨过九十九条大河，才能找到。为救乡亲，春姑拜谢老人后就一直往西南奔去，历尽了艰难险阻，终于翻过了九十九座大山，跨过了九十九条大河，来到一个古木参天，到处鸟语花香的地方。可此时春姑已筋疲力尽病倒了，她神志恍惚，便爬到一处清泉边喝水。这时水上漂来几片嫩绿的树叶，春姑无意中一起吞了下去，只觉满口清香，顿时神清气爽，病痛也全消了。她心想：这一定是宝树的树叶了，于是就顺着泉水向深山处寻去，果然在泉水源头的山中找到了宝树。

春姑摘下一颗金灿灿、油亮亮的种子，高兴得又唱又跳，惊动了山中一位老人。老人告诉春姑，这树叫大茶树，种子摘下后，必须在二十七天内插入土中才能成活。春姑一听急了：“老爷爷，我寻宝树，整整走了八十一天才到这里，二十七天内怎么能回到家乡？”老人闻言用柳枝蘸了几滴露水朝春姑轻拂几下，春姑立即变成一只黄羽画眉。老人嘱咐道：“你赶快飞回去，等把种子种上，发芽之前，你要忍住不笑不唱也不哭，就能又重新变回来。”

小画眉衔着茶叶种子展翅回飞，不一会儿就看到了家乡的山水，忍不住想要欢叫，刚一张嘴，茶叶种子就掉了下去，滚进深山的石罅中。小画眉只好啄下一朵牵牛花当篮，从山下提来土，从泉中汲来水，埋土浇水后，茶叶种子竟发芽了，很快长成一棵又高又大的茶树。小画眉忘情地大笑起来，谁知立即变成一块美女石紧挨在茶树旁，牵牛花中又飞出不少黄色小画眉，它们啄来茶叶，送到病人嘴中，乡亲们因此得救了。为纪念春姑，人们就将这些画眉命名为“茶姐画眉”。

从此以后，信阳就有了成片的茶园和茶山，这便是信阳毛尖的由来。

六安瓜片

雾后飞来满太空，巧将轻片舞条风。
六花烹作六安水，瑞气都留玉盏中。

——《雪茶》（明）杨爵

一、物种本源

六安瓜片为安徽西部六安市的金安、裕安、金寨、霍山四区县所产的一种片形绿茶。此茶由单片制成，不含芽头，不带茎梗，形如瓜子片，故名“瓜片”。按产区不同分为“里山茶”“外山茶”，前者产于高山地区，后者产于丘陵地区。其中以齐头山蝙蝠洞一带所产的品质最佳，称为“齐山云雾瓜片”。采制六安瓜片的茶树品种主要为六安双锋山中叶群体种，俗称“大瓜子种”。

齐山茶园

二、食材感观品质

六安瓜片外形单片顺直匀整、叶边背卷平展，形似瓜子；干茶色泽翠绿、起霜有润；汤色明亮清澈；叶底黄绿匀亮；香气高爽持久，滋味浓醇回甘。

三、加工与泡法

加工

六安瓜片的制作技艺独特：一是春茶于谷雨后开园，新梢已形成“开面”，采摘标准以对夹二、三叶和一芽二、三叶为主；二是鲜叶通过“扳片”，除去芽和梗，掰开嫩片、老片；三是嫩片、老片分别杀青，生锅、熟锅连续作业，杀青、干燥、做形相结合；四是烘焙分拉毛火、拉小火、拉老火三道进行，火温先低后高。特别是最后拉老火，木炭要先排齐挤紧，烧旺烧匀，火苗盈尺；再由二人抬烘笼在炭火上烘焙2～3秒，随即抬下翻茶，然后再依次抬上抬下，边烘边翻；为充分利用炭火，可2～3只烘笼轮流上烘；每烘笼茶叶要烘翻五六十次，一个烘焙工一天要走十多千米。热浪滚滚，人流不息，劳动的场景就像原始的舞蹈一样，实为我国茶叶烘焙技术中别具一格的“火功”。

① 传统加工工艺流程：鲜叶摊放→生锅→熟锅→毛火→拉小火→拉老火。

② 机械加工工艺流程：鲜叶摊放→滚炒杀青→轻揉→理条→做形→远红外烘焙→辉锅机上霜→远红外烘焙。

泡法

用玻璃杯或瓷盖碗冲泡，茶水比为1：50，水温为85～95℃。

程序：温杯→投茶→润茶→冲泡→静置→品饮。

盖碗冲泡六安瓜片

四、饮用注意

六安瓜片不能泡得太浓，否则会影响胃液的分泌，而且有高血压和心脏病的患者也不适合喝太浓的茶。

六安瓜片茶创制的传说

其一说：麻埠附近祝家楼的财主与袁世凯是亲戚，祝家常以土产孝敬。袁世凯饮茶成癖，茶叶自是不可缺少的礼物。但其时当地所产的大茶、菊花茶、毛尖等，均不能使袁满意。1905年前后，祝家为取悦于袁世凯，不惜工本，在后冲雇用当地有经验的茶工，专拣春茶的第一、二片嫩叶，用小帚精心炒制，炭火烘焙，所制新茶形质俱佳，获得袁的赞赏。当地茶行也悬高价收买，以促茶农仿制。新茶登市后，蜚声遐迩，连名茶“峰翅”亦逊色多矣。峰翅品质虽优于大茶，但其采制技术均与大茶相同。而瓜片却脱颖而出，色、香、味、形别具一格，所以日益博得饮者的喜嗜，逐渐发展为全国名茶。

其二说：1905年前后，六安茶行一评茶师，从收购的绿茶中拣取嫩叶，剔除梗枝，作为新产品应市，获得成功。消息不胫而走，六安城西边麻埠的茶行，闻风而动，雇用茶工，如法采制，并起名“峰翅”（意为蜂翅）。此举又启发了当地一家茶行，在齐头山的后冲，把采回的鲜叶剔除梗芽，并将嫩叶、老叶分开炒制，结果成茶的色、香、味、形均使“峰翅”相形见绌。于是附近茶农竞相学习，纷纷仿制。这种片状茶叶形似葵花子，遂称“瓜子片”，之后即叫成了“瓜片”。

其三说：六安先生店老松窠朱家有位小姐，聪明能干，十多岁就开始参与管理家务，记账、验租、入库、炒茶、发货、回款等等，样样精通。朱家有片茶园，所产之茶也曾顺着淠河销往外地。朱家小姐认为自家的茶叶不够清爽，滋味香气也不够，于是琢磨着自己来试炒茶。她选择春茶的第一、二片嫩叶，剔除梗、芽。炒茶要用手在铁锅里不停地翻动叶片，朱小姐的纤纤玉手忍受不了，于是就用小笤帚代替手在锅里翻炒。如是反复摸索，终于，朱家小姐的私房茶——绿片茶制成。1905年，朱家小姐嫁到了麻埠祝家楼。麻埠有一户袁世凯家的姻亲——祝家楼的祝土豪，也就是朱小姐的婆家——想巴结袁家，经常送茶叶到袁家，但一直没能让袁世凯满意。朱小姐得知情况后，沏了一杯从家里带来的绿片茶请公公品尝。祝土豪品过，感觉很好，于是命家人按照儿媳的方法炒制新茶。经过几番实验，终于炒出了叶片自然平展、大小匀整、形似瓜子的崭新绿片茶。装筒、封口，急送入京。袁世凯品后，大为赞赏，京中官员亦赞誉有加。从此，“六安瓜片”不胫而走。

都匀毛尖

落日平台上，春风啜茗时。
石阑斜点笔，桐叶坐题诗。
翡翠鸣衣桁，蜻蜓立钓丝。
自今幽兴熟，来往亦无期。

——《重过何氏五首》（之三）（唐）杜甫

一、物种本源

都匀毛尖产于贵州省黔南布依族苗族自治州都匀市，主产地在团山、哨脚、大槽一带。因其形似鱼钩和雀舌，俗称“鱼钩茶”或“雀舌茶”。都匀毛尖选用当地的苔茶良种，该品种具有发芽早、芽叶肥壮、茸毛多、持嫩性强、内含物成分丰富的特性，为形成毛尖茶的优良品质提供了物质基础。

1956年，担任都匀县（今都匀市）团山乡团委书记的谭修芬与团山乡乡长罗雍、谭修楷等人将鱼钩茶样寄送给毛主席品尝。不久，收到来自中共中央办公厅的回信。信件下部附有毛主席的亲笔签字：“茶叶很好，今后山坡上多种茶，茶叶可命名为毛尖。”

二、食材感观品质

都匀毛尖茶外形紧细卷曲，白毫显露；色泽嫩绿；滋味鲜浓，回味

都匀茶园

甘醇；香气鲜爽；汤色黄绿清澈；叶底嫩匀。都匀毛尖有“三绿透三黄”之称，即干茶绿中带黄、汤色绿中透黄、叶底绿中显黄。

三、加工与泡法

加工

都匀毛尖茶以一芽一叶初展鲜叶为原料，清明前后开采。

① 传统加工工艺流程：鲜叶摊放→杀青→揉捻→搓团提毫→烘干。

② 机械加工工艺流程：杀青→摊凉→揉捻→初烘→搓团提毫→烘干。

泡法

用玻璃杯或盖碗冲泡，茶水比为1∶50，水温为85～90℃。

程序：温杯→投茶→润茶→冲泡→静置→品饮。

都匀毛尖贡茶

远古时期，都匀蛮王有九个儿子和九十个姑娘。蛮王老了，突然得了伤寒，病倒在床，他对儿女们说："谁能找到药治好我的病，谁就管天下。"九个儿子找来九样药，都没治好。九十个姑娘去找来的全是一样药——茶叶，却医好了病。蛮王问："从何处找来？是谁给的？"姑娘们异口同声回答："从云雾山上采来，是绿仙雀给的。"蛮王连服三次，眼明神爽，高兴地说："真比仙丹灵验！现在我让位给你们了，但我有个希望，你们再去找点茶种来栽，今后谁生病，都能治好，岂不更好？"姑娘们第二天来到云雾山，却不见绿仙雀了，她们也不知道茶叶怎么栽种。姑娘们便在一株高大的茶树王下求拜了三天三夜，感动了天神，于是天神派一只绿仙雀和一群鸟从云中飞来，不停地叫："毛尖——茶，毛尖——茶。"姑娘们说明来意，绿仙雀立刻变成一位美貌而聪明的茶姐，一边采茶一边说："姊妹们，要找茶种好办，但首先要做三条：一是要有一双剪刀似的手，平时可以采药，坏人来偷茶时，就夹断他的爪爪（方言，'手'的意思）；二是要能变成我这样的尖尖嘴，去捕捉茶林中的害虫；三是要能用它医治人间疾苦，让百姓健康长寿。"姑娘们说："保证做到这三条，请茶姐多多指点。"茶姐拉着这群姑娘的手，叽叽咕咕，比比画画，面授秘诀，姑娘们一阵欢笑，高兴地边唱边跳《仙女采茶舞》："绿茶啊绿茶，毛尖一绿茶。生在云雾山，种在布依家。"

姑娘们终于得到了茶种，她们回到都匀后，头一年种在蟒山顶，被冰雹打枯了；第二年种在蟒山半山腰，又被霜雪压死了；第三年姑娘们种在蟒山脚下，由于前两次的失败，这次她们更加精心栽培，细心管理，茶苗长势越来越好，最终变成一片茂盛的茶园。都匀蛮王有了这片茶园，国泰民安。但不知过了多少代，传说到了明洪武调北征南的时候，有一支官兵驻扎在都匀薛家堡。由于水土不服，很多士兵都病倒了，上吐下泻。当地一位布依老人知道这病情后，就主动带上一把盐、茶、米、豆，煮汤给官兵喝，一连三碗，终于把病治好了。后来，有一位将领打听到主要是因为茶叶的妙用后，悄悄买得一包都匀毛尖茶，带回京城禀功。皇帝品尝后，觉得很开胃，又是一剂良药，连连点头说："太好了，太好了！"此后每年派专人来都匀征收贡茶——都匀毛尖茶。有一年，京城一帮官兵来收贡茶，却一两也收不到。他们气急了，便跑到蟒山下的茶园，突然，只见十来个采茶的姑娘变成一群绿仙雀，飞来啄这伙人的眼睛，官兵们在茶园无立足之地。他们听说都匀牛场还有一片茶园，又赶忙跑到牛场来，但茶树又被几十头牛马拉屎拉尿淋脏了。官兵们得不到贡茶，怕回到京城交不了差，正在为难时，都匀蛮王的一位长官说："我们也没有办法呀，这样吧，你们回京城后，就说都匀一带的毛尖茶，统统被有毒的绿尖嘴雀啄过，又淋上牛屎马尿，根本不能喝了，做药也不灵验了。"皇帝听了这番话后，信以为真，从此减免了贡茶。但好景不长，事隔两三年，京城又来了一伙官兵。他们来到都匀后，巧立名目，敲诈勒索，贡茶征收是年年猛增，弄得茶农倾家荡产，茶园也很快变成了一片荒丘。

南京雨花茶

石帆山下白头人，八十三回见早春。
自爱安闲忘寂寞，天将强健报清贫。
枯桐已露宁求识？敝帚当捐却自珍。
桑苎家风君勿笑，他年犹得作茶神。

——《八十三吟》（南宋）陆游

一、物种本源

南京雨花茶为一种松针形细嫩炒青绿茶。1958年，由南京中山陵园管理处创制，为纪念南京雨花台死难烈士而命名。南京雨花茶原产于南京中山陵和雨花台景区，现产区已扩大到长江南北的雨花台、栖霞、浦口、江宁、六合、溧水、高淳等区。

茶树新稍

二、食材感观品质

南京雨花茶外形犹似松针、细紧圆直、锋苗挺秀、白毫隐露，色泽墨绿，汤色清澈明亮，滋味鲜爽甘醇，清香幽雅，叶底嫩绿匀亮。雨花茶以紧、直、绿、匀为其品质特色。

三、加工与泡法

加工

雨花茶鲜叶主要采自祁门槠叶种、宜兴小叶种、鸠坑种和龙井43等茶树品种。鲜叶采摘精细，要求嫩度均匀，长度一致，不采空心芽、病虫芽、紫芽。具体标准是采摘半开展的一芽一叶为原料，当新梢萌发至一芽二、三叶时采下一芽一叶，芽叶长度2～3厘米。特级茶一芽一叶占总量的80%以上。炒制500克特级雨花茶，需采4.5万个芽叶。

① 手工加工工艺流程：鲜叶→摊青→杀青→揉捻→搓条拉条→毛茶整理→烘干→成品。

② 机械加工工艺流程：鲜叶→摊青→杀青→揉捻→毛火→整形→复火干燥→筛分→成品。

泡法

用玻璃杯或盖碗冲泡，茶水比为1：50，水温为80～90℃。

程序：温杯→投茶→润茶→冲泡→静置→品饮。

玻璃杯冲泡南京雨花茶

陆羽南京栖霞山采茶

南京茶的种植历史十分悠久，早在唐代就已种茶。唐肃宗乾元初年（758年），茶圣陆羽至栖霞山，寄居栖霞寺。时人皇甫冉有诗《送陆鸿渐栖霞寺采茶》云："采茶非采菉，远远上层崖。布叶春风暖，盈筐白日斜。旧知山寺路，时宿野人家。借问王孙草，何时泛碗花。"记录了陆羽白天上山采茶，夜晚与高僧品茗论茶，有时来不及回到寺庙，就住山里农家的情景。

出于对陆羽的崇敬，宋代僧人在陆羽采茶处建造笠亭，在摩崖刻石"试茶亭"，以志纪念。清代乾隆皇帝来栖霞山，赋诗："羽踪籍因著，曾句也云清。泉则付无意，淙淙千载声。"这首诗后镌刻在"白乳泉试茶亭"摩崖石刻的西侧，也成了栖霞山茶文化的一道风景。

时至今日，人们仍可以发现栖霞寺后山的试茶亭旧迹。

蒙顶甘露

蒙山顶上春光早，扬子江心水味高，
陶家学士更风骚。
应笑倒，销金帐饮羊羔。

——《【中吕】·阳春曲·赠茶肆》
（节选）（元）李德载

一、物种本源

蒙顶甘露产于四川省雅安市名山区的蒙山。蒙山位于邛崃山脉之中，青衣江从山脚下绕过，自古就有“蒙山之巅多秀岭，恶草不生生淑茗”的说法。

蒙山茶园

二、食材感观品质

蒙顶甘露外形条索纤细紧卷，白毫显露；色泽嫩绿油润；内质香气馥郁，芬芳鲜嫩；滋味鲜爽，浓郁回甘；汤色黄中透绿，透明清亮；叶底芽叶匀整，嫩绿鲜亮。

三、加工与泡法

加工

每年春分时节，当茶园中有5%左右的茶芽萌发时，即可开园采摘，标准为单芽或一芽一叶初展。采回的鲜叶需经过摊放后杀青，为使茶叶初步卷紧成条，给“做形”工序创造条件，杀青后需经过3次揉捻和3次炒青。

加工工艺流程：鲜叶摊放→杀青→摊凉→头揉→炒（烘）二青→摊凉→二揉→干燥（炒或烘）→做形提毫→烘干→整理→拼配→烘焙提香→定量装箱（袋）。

泡法

用玻璃杯或盖碗冲泡，茶水比为1：50，水温为90℃左右。

程序：温杯→投茶→润茶→冲泡→静置→品饮。

玻璃杯冲泡蒙顶甘露

蒙顶茶的来历

在一些古香古色的茶馆里，经常会看到“扬子江中水，蒙山顶上茶”的联语，意思是：扬子江江心的水，味甘鲜美；蒙山山顶上的茶叶，茶品最佳。这种珠联璧合的搭配是人间最美的佳饮。

相传蒙顶茶的制作与西汉末年蒙山甘露寺一位叫吴理真的道师有关。当年青年吴理真，到青衣江游玩时遇到一个美丽的少女。他们一见钟情，并对天跪拜，私订了终身。可是吴理真无家无业，少女就给了他七粒茶树种子，他们相约在次年茶树长出芽苞的时候，少女就到蒙山顶上与他成婚。

转眼间就到了第二年，茶树长出了芽苞，那位少女真的来了。他们成亲之后，共同打理茶树。过了几年这七棵茶树长成了一片茶树林。他们将采摘的芽苞炒制成茶叶，这种茶浅绿油润，汤黄微碧，味醇甘鲜，清澈明亮，香气袭人，味道醇正，很受人们的喜欢，在山下每每都能卖出个好价钱。因为这种茶生长于蒙山顶上，所以就叫作“蒙顶茶”。后来他们还生下了一双儿女，日子过得美满而惬意。

然而，天有不测风云，在一个风雨大作、雷电交加的午后，吴理真的妻子忽然听到天神的命令，要她立即返回天宫，否则就要处死她。在这种情形下，她只得向丈夫道出了原委。原来她是玉皇大帝碧水宫里的一条金鱼，因为不甘于宫廷的寂寞，私自下凡，与他成婚。如今已被天神发现，如果违抗将会生命不保。说到这里，夫妻俩紧紧相抱，舍不得分离。但是天命难违，最终妻子擦了擦眼泪，又亲了亲他们的儿女，然后将一条白色披纱交给吴理真，并告诉他说：“你将这条纱巾挂在屋顶上，就能变云化雾，永远笼罩着蒙山，滋润着茶树，今后世世代代的生活都不会犯愁了。”还告诉他，“这种茶一定要用扬子江江心的水来冲泡，否则就不能泡出它的醇香味道”。说罢就飘然而去。

妻子回到天宫后，吴理真带着儿女继续经管茶树林，栽种面积也不断扩大，蒙顶茶声名远扬，后来儿女们都成家立业了，吴理真就到道观潜心修道。有一次，一位地方官饮用了扬子江江心水冲泡的蒙顶茶之后，觉得口味非常不错，就进贡给皇上饮用，博得了皇上的好评，被誉为“人间第一茶”。蒙顶茶就此成为每年进贡朝廷的贡茶。

普陀佛茶

江南风致说僧家，石上清香竹里茶。
法藏名僧知更好，香烟茶晕满袈裟。

——《送茶僧》（明）陆容

一、物种本源

普陀佛茶产于浙江省舟山群岛的普陀山，又名“普陀山云雾茶”。因其外形略像蝌蚪，故也称“凤尾茶”。普陀佛茶出自普陀山的最高峰——佛项山。这里常年云雾弥漫，雨量充沛，气候宜人，植被茂盛，土地肥沃，因而所产茶叶品质优异。普陀佛茶早期选用当地群体种，现在则多以鸠坑种、迎霜、翠峰、浙农113等品种为原料。

二、食材感观品质

普陀佛茶外形似螺非螺，似眉非眉，条索紧细，卷曲如螺；色泽翠绿披毫；香气馥郁芬芳；滋味清醇爽口；汤色黄绿明亮；叶底匀整，芽叶成朵。

三、加工与泡法

加工

① 手工加工工艺流程：鲜叶捡剔→摊放→分筛→杀青→轻揉捻→炒二青→炒三青→搓团→提毫→焙烘。

② 机械加工工艺流程：鲜叶摊青→分筛→杀青→揉捻→初烘→搓团→提毫→焙烘。

整个炒制过程吸取了碧螺春炒制的工艺，又因地制宜地结合当地原佛茶的炒制工艺，使炒制的茶叶更受世人喜爱。

泡法

用玻璃杯或盖碗冲泡，采用上投或中投法投茶。茶水比为1：50，水温为90℃左右。

程序：温杯→注水→投茶→冲泡→静置→品饮。

普陀佛茶的得名

普陀佛茶出自普陀山的最高峰佛顶山，又因最初是由慧济禅寺的和尚种植、管理，并为寺院提供敬佛和待客的用茶，故名佛茶。

佛茶的产生，还得从普陀山成为观音道场说起。相传五代后梁时期，有一个叫慧锷的日本和尚来中国参学时，在普陀山停留了很长时间，并与这里的方丈成了莫逆之交。有一天，慧锷在大殿后院见到一尊檀香木雕成的观音佛像，赞不绝口。方丈见他十分喜爱，便送给了他。

慧锷法师回国时，就决定将观音佛像从普陀山的莲花洋运到日本。这一天，运载观音佛像的航船刚到莲花洋海面上，突然狂风骤起，航船东倒西歪，盘旋打转。慧锷只好把船驶进一个山岙里，抛锚落帆。

次日是个风平浪静的日子，慧锷兴致勃勃地扬帆起航，可是船刚驶出山岙，海面上就突然升起了一团烟雾，像道屏幕挂在船的前面，挡住了去路。航船左冲右突，也摆脱不了这片烟雾。慧锷没有办法，只好再次把船驶进山岙里。

第三天清早，晴空万里，风平浪静。慧锷和尚马上扬帆起航。可船一出山岙，就见到浓浓的乌云翻滚而来，海面上也涌动着滔天巨浪。航船好像抛了锚一样，进退不能。慧锷一看，只见海面上漂来一朵朵铁莲花，将船团团围住。慧锷这才恍然大悟：原来是观音大师不愿去日本！于是他回到船舱，跪在观音佛像前祈告说：“如若日本众生无缘见佛，我遵照大师所指方向，另建寺院，供养我佛。”他的话音刚落，就听得水声哗哗地响了起来，从海底钻出一头铁牛，把几十朵铁莲花吞吃掉。这时在海面上出现了一条航道，直到岸边，慧锷定睛一看，原来船回到了普陀山的潮音洞。

慧锷看到岸边有间民房，就捧着观音佛像前往，将观音大师供奉在案几上。慧锷自知观音显灵，就决定翻建这间民房，为观音大师修建观音道场。这个观音道场被当地人称作“不肯去观音院”。

普陀山成为观音道场之后，又相继建立了普济寺、法雨寺、长生禅院、盘陀庵、灵石庵等寺院。有一天，观音菩萨来到佛顶山上空用手一点，顿时佛顶山上就长出一片茶树林。清晨，小和尚巡山时，发现山上长出很多茶树。

第二年清明时节，佛顶山的慧济禅寺就焙炒出第一批茶叶。当时茶叶的产量还很低，所产的茶叶只用来供佛和待客，因而就取名“普陀佛茶”。

太平猴魁

风炉煮茶。霜刀剖瓜。
暗香微透窗纱。是池中藕花。
高梳髻鸦。浓妆脸霞。
玉尖弹动琵琶。问香醪饮么。

——《醉太平》（北宋）
米芾

一、物种本源

在清光绪二十六年（1900年）前后，家住猴岗的茶农王魁成（人称王老二），在猴岗附近凤凰尖的高山茶园内选出肥壮幼嫩的一芽二叶，精制出质量高的尖茶，称之“王老二魁尖”。由于其风格独特、质量超群、茶叶外形魁伟，属于尖茶的魁首，且创制人名叫魁成，又产于太平县（今黄山区）猴坑、猴岗一带，故取名“太平猴魁”。

太平猴魁现主产于黄山市黄山区太平湖畔的猴坑、猴岗、颜家、凤凰山一带，茶叶原料选用安徽省级良种茶树“柿大茶”新梢。

二、食材感观品质

太平猴魁条索扁平挺直，肥壮厚实；色泽苍绿匀润，叶脉绿中隐红，俗称“红丝线”。太平猴魁独具特色，入杯冲泡，芽叶成朵，或悬或沉，在明澈嫩绿的茶汤之中如“龙飞凤舞，刀枪云集”，可见“两刀一枪”的景观。其香气兰香高爽，汤色明澈嫩绿，滋味醇厚鲜爽，回味甘甜，叶底舒放成朵，嫩绿匀亮，有“一泡香高，二泡味浓，三泡四泡香犹存”的神韵，这也就是人们常说的“猴韵”。

三、加工与泡法

加工

太平猴魁以采摘精细严格著称，包括：“拣山”，采朝北阴山茶；“拣棵”，取发育健壮、无病虫害茶；“拣株”，选枝颖挺拔者；“拣尖”，取芽叶肥壮、茸毛多的嫩梢。它以新梢长到一芽三叶为标准，后再摘取一芽二叶。经杀青、理条、三次烘干而成，不经揉捻，不弯不曲，扁平挺直，民间素有“猴魁两头尖，不散不翘不卷边”之说。其中，理条工序尤为重要，是太平猴魁加工工艺的关键步骤，要求用手指将两叶包裹住嫩芽，形成太平猴魁独特的“两叶抱一芽”的特征。

加工工艺流程：采摘→拣尖→摊放→杀青→理条→压制→毛烘→足烘→复焙。

玻璃杯冲泡太平猴魁

泡法

用玻璃杯冲泡，将茶叶统一整理成根部朝下的姿势放入杯中，利用自然的重力让茶叶冲泡后依然保持根部朝下的状态。茶水比为1：50，水温为90℃左右。

程序：温杯→投茶→润茶→冲泡→静置→品饮。

神猴赐茶

相传古时候，黄山上有一对白毛猴，生下一只小毛猴。有一天，小毛猴独自外出玩耍，来到太平县，遇上大雾迷失了方向，再也没有回到黄山。老毛猴马上出门寻找。几天后，由于寻子心切，劳累过度，老毛猴不幸病死在太平县的一个山坑里。

山坑里住着一个老汉，以采野茶与药材为生，他心地善良，当发现这只病死的老毛猴时，就将它埋在山冈上，并移来几棵野茶和山花栽在老毛猴墓旁。正要离开时，忽闻说话声："老伯，您为我做了好事，我一定要感谢您。"由于不见人影，这事老汉也没放在心上。第二年春天，老汉又来到山冈采野茶，发现整个山冈都长满了绿油油的茶树。老汉正在奇怪，忽听有人对他说："这些茶树是我送给您的，您好好栽培，今后就不愁吃穿了。"这时老汉才醒悟过来，这些茶树是神猴所赐。

从此，老汉有了一块很好的茶山，再也不需翻山越岭去采野茶了。后来老汉把这片山冈称作猴岗，以纪念神猴，并把自己住的山坑叫作"猴坑"，把从猴冈采制的茶叶叫作"猴茶"。由于猴茶品质超群，堪称魁首，人们就将此茶取名为"太平猴魁"了。

庐山云雾

烧香运水及煎茶，谁识庐山惠远家。
社客若来高著眼，不须平地觅莲花。

——《惠远上人壁》（北宋）
赵抃

一、物种本源

庐山云雾是一种条形半烘半炒细嫩绿茶，产于“匡庐奇秀甲天下”的庐山。明代，“云雾茶”的名字已出现在《庐山志》中。清代，庐山云雾茶则颇负盛名。庐山云雾的主产地在江西庐山风景区内的汉阳峰、含鄱口、花径、青莲寺等地。产地海拔都在1000米左右，且云雾弥漫，特别适宜茶树生长。

二、食材感观品质

庐山云雾外形紧细，匀嫩多毫；色泽绿翠；内质香气清鲜持久；汤色清澈明亮；滋味醇厚回甜；叶底肥软嫩绿、匀齐、成朵。

三、加工与泡法

加工

庐山云雾比其他茶采摘时间晚，一般在谷雨后至立夏开始采摘。以一芽一叶初展为标准，长约3厘米。

加工工艺流程：杀青→抖散→揉捻→炒二青→理条→搓条→拣剔→提毫→烘干。

泡法

用玻璃杯或盖碗冲泡，采用上投法投茶。水温为85℃左右，茶水比为1∶50。

程序：温杯→注水→投茶→静置→品饮。

玻璃杯冲泡庐山云雾

憨宗老和尚创制云雾茶

传说从前，庐山五老峰下有一座寺院，老和尚憨宗以种野茶为业，在山脚下开了一大片茶园，茶丛长得极为茂盛。有一年四月，忽然冰冻三尺，这儿的茶叶几乎全被冻死。但浔阳官府派衙役多人来找和尚憨宗，拿着朱票，硬是要买茶叶。这样天寒地冻，园里哪有茶叶呢？憨宗被逼得没办法，向衙役百般哀求无效，只得连夜逃走。

九江名士廖雨，为和尚憨宗打抱不平，在九江街头到处张贴冤状，题《买茶谣》，对横暴不讲理的官府进行控诉，官府却不理不睬。为在惊蛰摘取茶叶，清明节前送京，官府派衙役击鼓敲锣，每天深夜把四周老百姓喊起来并赶上山，令其摘茶，竟把憨宗和尚一园茶叶，连初萌未展的茶芽都一扫而空。

憨宗和尚满腔苦衷，感动了上天。在他悲伤的哭声中，鹰嘴崖、迁莺石和高耸入云的五老峰巅，忽然有许多红嘴蓝雀、黄莺、杜鹃、画眉等珍禽异鸟，唱着婉转的歌从云中飞来。它们不断从憨宗和尚园圃冰冻的泥土中啄食出来隔年散落的一点点茶籽，衔在嘴里，然后飞撒在五老峰的岩隙中，这里很快便长起一片翠绿的茶树。憨宗看着这高山之巅，云雾弥漫中失而复得的好茶园，心里真是乐开了花。他是多么感谢这些美丽的鸟儿啊。

不久，采茶的季节到了。由于五老峰、大汉阳峰奇峰入云，憨宗实在无法爬上高峰，只好望着云端清香的野茶兴叹。正在这时，忽然百鸟朝林，那些红嘴蓝雀、黄莺、画眉又从云中飞了过来，飞落在憨宗身边。憨宗把这些美丽的小鸟喂得饱饱的，让它们颈上各套一个口袋，飞向五老峰、大汉阳峰的云雾中采茶。当憨宗抬头仰望高峰云端时，好像看见仙女翩舞，歌声嘹亮，在云雾茶园中忙碌。之后，这些山中百鸟采得的鲜茶叶经憨宗老和尚精心揉捻，炒制成茶叶。这种茶叶因为是庐山百鸟在云雾中播种，又是它们辛苦地从高山云雾中采摘下来的，所以被称为“云雾茶”。

阳羡雪芽

柳絮飞时笋箨斑，风流二老对开关。
雪芽我为求阳羡，乳水君应饷惠山。
竹簟水风眠昼永，玉堂制草落人间。
应容缓急烦闾里，桑柘聊同十亩闲。

——《次韵完夫再赠之什某已卜居毗陵与完夫有庐里》
（北宋）苏轼

一、物种本源

阳羡雪芽为一种半炒半烘细嫩绿茶，产于江苏省宜兴市，主要原料品种为宜兴群体小叶种、槠叶种，以及无性系良种福鼎大白茶、浙农137、迎霜、龙井长叶等。20世纪80年代初，在著名茶叶专家张志澄的倡议和支持下，依据宜兴茶叶生产历史资料和“名茶”的特点，借苏轼“雪芽我为求阳羡”诗意，取名“阳羡雪芽”。

二、食材感观品质

阳羡雪芽外形圆紧挺秀，锋苗显露；色泽银绿、隐翠；香气清幽高爽；滋味鲜爽醇厚、回甘；汤色杏绿、清澈明亮；叶底匀齐、成朵。

宜兴茶园

三、加工与泡法

加工

鲜叶采摘以一芽一叶初展、半展为标准，长2～3厘米，并进行严格的拣剔，剔除单叶、鱼叶、紫芽、霜冻芽、伤芽和虫芽等，保证芽叶完整。鲜叶摊凉3～6小时即可付制。

加工工艺流程：鲜叶摊放→杀青→揉捻→初烘→复揉→理条→整形→干燥。

泡法

用玻璃杯或盖碗冲泡。中投法投茶，先在玻璃杯或盖碗中倒入一半量的开水，待水温降至80℃左右时，将3～5克阳羡雪芽投入杯中，稍待片刻，再把80℃左右的开水注入杯中。茶水比为1∶50。

程序：温杯→注水→投茶→冲泡→静置→品饮。

盖碗冲泡阳羡雪芽

阳羡贡茶

宜兴古名阳羡，产茶历史久远，早在三国孙吴时代就驰名江南，当时称为“国山茶”。“国山”，也就是今天的离墨山。据《宜兴县志》记载：“离墨山在县西南五十里……山顶产佳茗，芳香冠他种。”到了唐代，有“茶圣”之称的陆羽，为了研究茶的种植、采摘、焙制和品尝，曾在阳羡南山进行了长时间的考察。陆羽在品尝后认为，“阳羡茶”的确是“芳香冠世，推为上品”，“可供上方”。“阳羡茶”因此名扬全国，名噪一时。从此，“阳羡茶”被选入贡茶之列，所以有“阳羡贡茶”之称。

在唐肃宗时期，从常州刺史李栖筠开始，每当采茶季，常州、湖州两地太守便集会宜兴茶区，并且特派茶吏、专使等在宜兴设立“贡茶院”“茶舍”，专司监制、品尝和鉴定贡茶的任务。采下来的嫩茶，焙炒好后，立即分批通过驿道，快马日夜兼程送往京城，当时称此种茶为“急程茶”，一刻也不能延误。诚可知，宜兴距京城（今西安）有千里之遥，为了皇家一杯茶，不知累坏了多少驿役，累死了多少骏马。

长兴紫笋茶

凤辇寻春半醉回，仙娥进水御帘开。
牡丹花笑金钿动，传奏吴兴紫笋来。

——《湖州贡焙新茶》（唐）张文规

一、物种本源

长兴紫笋茶主产区位于浙江省湖州市长兴县境内的顾渚山、张岭一带，故又名“湖州紫笋”“顾渚紫笋”。其选用鸠坑群体种、龙井43、浙农系列等中小叶茶树良种，因茶芽细嫩，色泽带紫，其形如笋，故得名“紫笋茶”。长兴紫笋茶历史源远流长，早在唐代就为朝廷贡茶。

二、食材感观品质

长兴紫笋茶芽形似笋，芽叶微紫，白毫显露，色泽绿润；香气清高，兰香扑鼻；汤色淡绿明亮；滋味甘爽鲜醇，入喉生津；叶底肥壮成朵，似兰花出绽。

三、加工与泡法

加工

原料多选用鸠坑种，特级原料为一芽一叶初展，开采时间一般在4月上旬。

① 手工加工工艺流程：摊青→杀青→做形→烘干。

② 机械与手工组合加工工艺流程：摊青→杀青→理条→初烘→足干。

玻璃茶杯冲泡长兴紫笋茶

泡法

用玻璃杯或盖碗冲泡，茶水比为1∶50左右，水温为85~95℃。

程序：温杯→投茶→润茶→冲泡→静置→品饮。

紫笋茶名称来历

紫笋茶，产自长兴县水口乡顾渚村片片山林之间，其生长环境多在阳崖阴林，故而能生长出独特的茶叶。紫笋茶由中国“茶圣”唐朝人陆羽推荐给湖州刺史李栖筠，又由李栖筠推荐于朝廷，自唐代宗广德元年（763年）起作为贡品，进贡给皇室，开始了紫笋茶神奇的文化之旅。唐朝在长兴设有贡茶院，白居易有诗道：“遥闻境会茶山夜，珠翠歌钟俱绕身。盘下中分两州界，灯前合作一家春。青娥递舞应争妙，紫笋齐尝各斗新。自叹花时北窗下，蒲黄酒对病眠人。”这生动描绘了湖、常二州太守在境会亭集会的状况。

那么，紫笋茶的名称是怎么得来的呢？一般在人们的认知中，茶叶的称谓不外乎取自其形、其貌，抑或传说，紫笋茶之名的由来亦如此。

紫笋茶，“紫”字的由来，一般有两层含义。一者，取自官员所着官服之色，昔日之一二品大官出行顾渚山，皆着紫色官服，地方之人为迎合官员，取“紫”字意为地位尊贵；而且此茶作为上贡制茶，亦是珍贵之茶，故而取“紫”字，也是冠于其无比珍贵的名头。二者，取自紫笋茶新茶芽微微泛紫之意，故而名“紫”。

狗牯脑茶

坐酌泠泠水，看煎瑟瑟尘。
无由持一碗，寄与爱茶人。

——《山泉煎茶有怀》
（唐）白居易

一、物种本源

狗牯脑茶产于江西省遂川县汤湖镇的狗牯脑山，因该山形似公狗头，故取名“狗牯脑”，所产之茶即从名之。相传，在清代嘉庆元年（1796年）前后，有个木排工梁为镒，因放木筏，不幸被水冲散，流落南京。次年，夫妻两人携带茶籽，从南京返乡，买下谢家石山草屋，定居种茶，是为狗牯脑山种茶之始，距今已有200多年。

二、食材感观品质

狗牯脑茶外形紧结秀丽，白毫显露，芽端微勾，色泽黛绿莹润；香气高雅，略有花香；汤色澄亮清碧，滋味鲜爽浓醇；叶底黄绿。

三、加工与泡法

加工

鲜叶采自当地茶树群体小叶种，于清明前后开采，采摘标准为一芽一叶。

手工复揉

加工工艺流程：拣青→杀青→初揉→二青→复揉→整形→提毫→炒干。

泡法

用玻璃杯或盖碗冲泡，茶水比为1∶50，水温为85℃左右。

程序：温杯→投茶→润茶→冲泡→静置→品饮。

狗牯脑茶的由来

“狗牯脑茶”又名“狗牯脑石山茶”，产于江西省遂川县汤湖镇的狗牯脑山，也曾一度称其为“玉山茶”。

民国四年（1915年），遂川县茶商李玉山采用狗牯脑山的茶鲜叶，制成银针、雀舌和圆珠各1千克，分装3罐，运往美国旧金山参加巴拿马国际博览会，结果荣获国际评判委员会授予的金质奖，被誉为“顶上绿茶”。

民国十九年（1930年），李玉山之孙李文龙将此茶命名为“玉山茶”，送往浙赣特产联合展览会展出，荣获甲等奖。

由于两次获奖，狗牯脑山所产之茶名声大震。随着历史的变迁，“玉山茶”又改名为“狗牯脑茶”。

径山茶

天子未尝阳羡茶，百卉不敢先开花。
不如双径回春绝，天然味色留烟霞。
石泉松籁春无那，惊雷夜展灵芽破。
峰回寺掩路丫叉，恰喜茶歌相应和。
半阴半晴谷雨时，一旗一枪无几株。
氤氲香浅露光涩，颇觉深山春到迟。
紫英落脚空名重，白绢斜封充锡贡。
拼向幽岩界翠丛，年年小摘携筠笼。

——《径山采茶歌》（清）金虞

一、物种本源

径山茶生产地域为浙江省杭州市余杭区东北天目山脉，以东、南、中、北笤溪流域为限，范围涉及余杭区的径山、余杭、闲林、中泰、黄湖、鸬鸟、百丈、瓶窑、良渚等街镇及临安区的青山湖、高虹等街镇。

径山是天目山延伸的东北峰，主峰凌霄峰海拔769米。径山产茶始于唐朝，闻名于两宋。据《余杭县志》记载："径山寺僧采谷雨茗，用小缶贮之以馈人，开山祖法钦师曾手植茶数株，采以供佛，逾年蔓延山谷，其味鲜芳，特异他产，今径山茶是也。"又据《续余杭县志》记载："产茶之地，有径山四壁坞及里坞，出者多佳，至凌霄峰尤不可多得。"可见径山茶历史悠久。

二、食材感观品质

径山茶外形条索细紧秀、略卷曲，芽锋显露，略带白毫，色泽绿翠；清香持久，滋味鲜醇；汤色清澈明亮；叶底嫩匀。

三、加工与泡法

加工

径山茶选用当地群体种茶树芽叶为原料，于清明前后开采，标准为一芽一叶至一芽二叶。

加工工艺流程：鲜叶摊放→杀青→摊晾→揉捻→初烘→摊晾→足干。

泡法

用玻璃杯或盖碗冲泡，茶水比为1：50，水温为90℃左右。

程序：温杯→投茶→润茶→冲泡→静置→品饮。

玻璃杯冲泡径山茶

径山茶宴

据历史记载，径山在唐代便开始植栽茶树。径山寺与径山茶宴在唐代闻名以后，茶圣陆羽慕名而至，曾隐居径山双溪的将军山麓。宋代径山寺的径山茶宴还东渡扶桑“作客”，影响播于海外。清朝后随着径山寺院被毁，径山茶逐渐衰落，被人遗忘。

径山万寿禅寺建寺以来饮茶之风甚盛，唐宋时期佛教盛行时的《百丈清规》《禅苑清规》等，都将僧侣的饮茶列入日常行为，并规定为一种仪式，称为茶礼；在此基础上还加以提炼，以宴请上宾，成为茶宴，这就是著名的“径山茶宴”。盛唐时，以茶宴请、款待宾客，更被视为清雅风流的待客方式，文人、士大夫全热衷于茶宴的形式。

到了宋代，佛教香火日盛，以茶助禅，参禅悟道，成为一种风尚。茶与禅结下了不解之缘。而居“五山十刹”之冠的径山，更是茶以禅名，禅助茶兴。每年春季，径山要举行茶宴，由法师亲自主持，然后献茶于僧客，一时间，进山品茗论道者甚众。

九华佛茶

瘦茎尖叶带余馨，细嚼能令困自醒。
一段山间奇绝事，会须添入品茶经。

——《金地茶》（南宋）陈岩

一、物种本源

九华佛茶又名“九华毛峰”“黄石溪毛峰”，历史上亦称“闵园茶”“黄石溪茶”，现统称“九华佛茶”，产于佛教圣地安徽省池州市的九华山及九华山山脉南北邻近地域。其主产区位于下闵园、大古岭、黄石溪、庙前等地。九华山山势雄峻，九座主峰海拔均在千米以上，秀出云表，清奇多姿。山中雨量充沛，清溪细流，涌泉飞瀑；林木葱茏，杂花生树，生态环境良好，茶树资源丰富。

二、食材感观品质

九华佛茶外形扁直呈佛手状，白毫显露；色泽翠绿；清香高爽；汤色碧绿明净；滋味鲜醇、回甘；叶底黄绿匀整。

九华山茶园

三、加工与泡法

加工

加工工艺流程：鲜叶采摘→摊青→杀青→摊凉→做形→烘干→拣剔。

泡法

用玻璃杯或盖碗冲泡，茶水比为1：50左右，水温为90℃左右。
程序：温杯→投茶→润茶→冲泡→静置→品饮。

盖碗冲泡九华佛茶

九华佛茶与金地藏

唐代饮茶之风由南及北，影响日盛，且逐渐传入佛门。据唐人封演的《封氏闻见记》载："（茶）南人好饮之，北人初不多饮。开元中，泰山灵岩寺有降魔师大兴禅教，学禅务于不寐，又不夕食，皆恃其饮茶。人自怀挟，到处煮饮。从此转相仿效，遂成风俗。"可见茶能供佛家弟子坐禅驱睡，因而饮茶在佛门广受欢迎，原本不产茶的北方，受禅宗饮茶风尚的影响，也"转相仿效，遂成风俗。"而九华山地处产茶的江南，当时九华山上的僧人喜饮茶亦是情理之中的了。

唐代中叶，新罗国王子金乔觉——金地藏的化身，渡海入唐求法，历经千辛万苦，终于将这仙气悠悠的九华山九十九峰做了他的道场。那个时候，僧人与茶结缘是极普遍的现象。相传一年春天，春雨连绵半个多月，九华山沉浸在浓雾细雨之中。金地藏坐岩洞中，诵经不歇。忽隐隐听到"噼啪、噼啪"的声音，原来是茶籽发芽声。金地藏便在他禅修的山坡上广为种茶，不出三月，竟长成一片郁郁葱葱的茶园，满山飘香。金地藏还曾写过一首《送童子下山》诗："空门寂寞汝思家，礼别云房下九华。爱向竹栏骑竹马，懒于金地聚金沙。添瓶涧底休拈月，烹茗瓯中罢弄花。好去不须频下泪，老僧相伴有烟霞。"其中便记有"烹茗瓯中"之事。

金乔觉卓锡九华，植茶、制茶、品茶，正如《九华山志》载："金地茶，梗空如筱，相传金地藏携来种。"《青阳县志》亦载："金地茶，相传为金地藏西域携来者，今传梗空筒者是。"除此之外，他还研读佛经、儒学，但由于禅宗以"教外别传，不立文字，直指人心，见性见佛"为宗旨，故信仰禅宗并身体力行的金地藏，在“众生度尽，方证菩提；地狱未空，誓不成佛”的地藏精神的感召下，为民众造福不留痕迹，这也是今日九华山所存金地藏有关茶叶、诗文、佛学著作极少的原因。但金地藏却留下了九华山地藏菩萨道场、二百里的满目青山、富有传奇色彩的九华佛茶，所有这些，都是无字的金地藏全书。

敬亭绿雪

持将绿雪比灵芽，手制还从座客夸。
更著敬亭茶德颂，色澄秋水味兰花。

——《咏绿雪茶报愚山》（清）梅庚

一、物种本源

敬亭绿雪产于安徽省宣城市宣州区敬亭山及周边地区。这里系皖南山区和沿江平原相交的地区，土壤肥厚，有机质丰富，四季分明，年降雨量在1500～2000毫米，无霜期220天以上，年平均气温15～16.8℃，植被多样性丰富，适合茶树的生长。茶树品种为当地传统品种宣城尖叶种，是国家级良种。

二、食材感观品质

敬亭绿雪形似雀舌、挺直饱满、身披白毫；芽叶相合、不脱不离；色泽翠绿；汤色清澈明亮似雪飘；香气清鲜持久呈花香；滋味醇和爽口回甜甘；叶底嫩绿、肥壮成朵状。

敬亭山茶园

三、加工与泡法

加工

敬亭绿雪以尖叶群体种鲜叶为主要原料，于清明至谷雨期间采摘，要求一芽一叶初展，长约3厘米，芽尖与叶尖平齐，形似雀舌，大小匀齐。

敬亭绿雪制法分杀青、做形、干燥三步。其中，做形对成茶品质尤为重要，它要求锅温60℃左右，手法分为搭拢和理条。搭拢是四指并拢与拇指并用，使杀青叶在掌心内做形时不滑出虎口，成其雀舌雏形。理条是运用腕力和指力，使叶子在锅内往复地理直茶条。搭拢和理条，有分有合，根据叶色、叶形、叶温的变化而定，要求“轻、重、轻”“快、慢、快”，以免发生黑条、脱亮、碎芽、焦点。当形成雀舌形，约四成干出锅。

泡法

用玻璃杯或盖碗冲泡，水温为80~90℃，茶水比为1：50。

程序：温杯→投茶→润茶→冲泡→静置→品饮。

玻璃杯冲泡敬亭绿雪

绿雪姑娘

相传古时敬亭山麓，有位美丽善良的姑娘，名字叫“绿雪”。她年年都要采摘敬亭山茶换些钱来为瘫痪在床多年的妈妈治病，而这茶只有山顶绝壁处才有。有一次采茶时，她看见悬崖绝壁上一株茶树枝叶繁茂、新叶鲜嫩，她心想，再采上这株树上的茶就够换取给妈妈治病的药了。于是她千辛万苦好不容易刚能采到，不巧，脚下一滑跌落山崖，而背篓中已采的茶叶像满天飘舞的雪花，飘落在敬亭山的沟沟洼洼。令人称奇的是，这些鲜茶叶落地生根，见风就长，霎时长成一棵棵茶树，眼前豁然变成一片翠绿的茶园。人们为了怀念这位勤劳可敬的姑娘，便将此处所产山茶取名为“敬亭绿雪”。

松萝茶

不风不雨正晴和，翠竹亭亭好节柯。
最爱晚凉佳客至，一壶新茗泡松萝。
几枝新叶萧萧竹，数笔横皴淡淡山。
正好清明连谷雨，一杯香茗坐其间。

——《题画诗（二首）》（清）郑燮

一、物种本源

松萝茶产于安徽省黄山市休宁县黄山余脉的松萝山周边地区。松萝山位于休宁城北约9千米，与榔源山、五陵山相望，最高峰海拔882米，茶园多分布在海拔600～700米。山上气候温和，雨量充沛，土壤肥沃，生态环境适宜茶树生长。

二、食材感观品质

松萝茶条索紧卷匀壮，色泽绿润；香气高爽，滋味浓厚，带有橄榄香味；汤色绿明，叶底绿嫩。

三、加工与泡法

加 工

松萝茶以当地松萝群体种茶树鲜叶为主要原料，于谷雨前后开园采摘，要求采一芽二、三叶。

加工工艺流程：鲜叶摊放→杀青→揉捻→初烘→做形→炒干→去杂→提香。

泡 法

用玻璃杯或盖碗冲泡，茶水比为1∶50，水温为85～95℃。

程序：温杯→投茶→润茶→冲泡→静置→品饮。

张潮赋松萝

张潮是清代徽州人，曾作《松萝茶赋》，说道故乡是“钟扶舆之秀气，产佳茗于灵岩”。全赋对松萝茶的采制、烹饮方法、品质特点、流通地区等竭尽铺排、渲染，文采涣然，文笔生动，堪为中国名茶赋中绝唱。具体而言：

松萝茶的采摘，“方其嫩叶才抽，新芽出秀；恰当谷雨之前，正值清明之候”。

松萝茶的加工、封装，“活火炮来，香满村村之市；箬笼装就，签题处处之名”。

松萝茶的烹饮，“缓提佳器，旋汲山泉，小铛慢煮，细火微煎。蟹眼声希，恍奏松涛之韵。竹炉候足，疑闻涧水之喧。于焉新茗急投，磁瓯缓注。一人得神，二人得趣。风生两腋，鄗卢仝七椀之多”。

松萝茶的品质特征，“其为色也，比黄而碧，较绿而娇。依稀乎玉笋之干，仿佛乎金柳之条。嫩草初抽，庶足方其逸韵。”“其为香也，非麝非兰，非梅非菊。桂有其芬芳而逊其清，松有其幽逸而无其馥。”“其为味也，人间露液，天上云腴。冰雪净其精神，淡而不厌。流瀣同其鲜洁，洌则有余。沁人心脾，魂梦为之爽朗；甘回齿颊，烦苛赖以消除”。将松萝茶的色、香、味，描述得淋漓尽致。

由上述可知，松萝茶风行天下，“望燕赵滇黔而跋涉，历秦楚齐晋而遨游”。在赋的结尾处，作者更是深情说道：“合色与香味而并臻其极，悦目与口鼻而尽摅其悃。润诗喉而消酒渴，我亦难忘；媚知己而乐嘉宾，谁能不饮。”

紫阳毛尖

桃花未尽开菜花，夹岸黄金照落霞。
自昔关南春独早，清明已煮紫阳茶。

——《春日兴安舟中杂咏》
（清）叶世倬

一、物种本源

紫阳毛尖产于陕西省汉江上游、大巴山北麓的紫阳县近山峡谷地区。汉江两岸的近山峡谷地区，层峦叠嶂，云雾缭绕，冬暖夏凉，气候宜茶；这里的土壤呈酸性或微酸性，矿物质丰富，有机质含量高，土质疏松，通透性良好，是茶树生长的适宜地区。紫阳毛尖所用的鲜叶采自紫阳种和紫阳大叶泡，茶芽肥壮，茸毛特多。

二、食材感观品质

紫阳毛尖条索圆紧，肥壮匀整，白毫显露；色泽翠绿；茶香嫩香持久；汤色嫩绿清亮；滋味鲜醇回甘；叶底肥嫩完整，嫩绿明亮。

三、加工与泡法

加工

清明前10天开采，至谷雨前结束。标准为一芽一叶。

加工工艺流程：杀青→初揉→炒坯→复揉→初烘→理条→复烘→提毫→足干→焙香。

泡法

用玻璃杯或盖碗冲泡，茶水比为1∶50，水温为85~95℃。

程序：温杯→投茶→润茶→冲泡→静置→品饮。

宦姑与贡茶

出紫阳县城沿汉水溯江而上约20千米，便到一古镇，名为焕古镇，其原名为“宦姑滩”。宦姑滩自古便是紫阳名茶的一块生产地，这一带适宜种茶，是茶的优生区。紫阳毛尖中的“紫邑宦镇”是紫阳茶的上等精品，早在唐代即是宫廷用茶讲究的品牌。

早年宦姑滩是享誉汉水两岸最有名气的水旱码头，其名称的由来还有一段故事。据《宦姑斟茶图》等的描述，京城长安官宦世家的女儿刘冬香因父亲蒙冤，家道败落，流落到宦姑滩东明庵研习佛经，精心栽培茶树，学会手工制茶，荐茶入贡朝廷，使得紫阳毛尖名声大震，众人四处求购，造福了紫阳一方百姓。皇上下令：一为刘冬香之父平反昭雪；二令东明庵之茶为贡茶，全州年年向朝廷贡送。日后，皇上又念刘冬香乃遗臣之女，有献茶之功，便令在长安城内择址为刘冬香修寺以弘佛法。

为纪念这位官宦世家的女儿，乡民们便把此地命名为“宦姑滩”，直到20世纪70年代才改名为“焕古”，寓含着去旧迎新、勃勃向上之意，但宦姑滩、宦姑镇、宦姑茶却流传至今。

红　茶

红茶（Black tea）为中国六大茶类之一，属全发酵茶。其以茶树新梢为原料，经萎凋、揉捻（切）、发酵、干燥等工艺加工而成，又因其干茶色泽和冲泡的茶汤以红色为主色调，故名红茶。按制法不同，可分小种红茶、工夫红茶、红碎茶三类，前两种为中国特产。中国有十多个省（区、市）生产红茶，品类多、产地广。

正山小种

茗箧缄香自武夷，陆生家果最相宜。
烹怜昼鼎花浮栅，采忆春山露满旗。
品绝未甘奴视酪，啜清须要玉为瓷。
茂陵渴肺消无几，争奈还书苦思迟。

——《贵溪周懿文寄遗建茶偶成长句代谢》（北宋）宋祁

一、物种本源

正山小种是福建省传统的外销红茶之一，约在18世纪后期创制于崇安县（今武夷山市），也是中国最早创制的红茶。以星村镇桐木关为中心，东至大王宫，西近九子岗，南达先锋岭，北延桐木关，在当时的崇安、建阳、光泽三县交界处的高地茶园所产的小种红茶均为正山小种。历史上因星村为正山小种集散地，故正山小种又称“星村小种”。因其采用以松柴为燃料的制法，故产品带松烟香。

据传在清代初年，时局动乱不安。有一天，一支军队从崇安县星村过境，占驻茶厂，导致进厂的鲜叶无法及时加工，所存鲜叶因为积压“发酵而发红”。厂主见状，心急如焚，赶紧用锅炒，用松柴烘干，稍加筛分拣剔，便装箱运往福州，托洋行试销。没想到这种茶叶竟获得人们的喜爱，于是小种红茶声名鹊起。

武夷山茶园

二、食材感观品质

正山小种外形条索壮结，不带芽毫；色泽乌黑、油润；香高持久，微带松烟香气；汤色红艳、明亮；滋味甜醇、回甘，具桂圆汤味；叶底肥厚红亮，带古铜色。

三、加工与泡法

加工

正山小种的制作工艺分为初制工序和精制工序。

① 初制工序：鲜叶→萎凋→揉捻→发酵→复揉→熏焙→复火→毛茶。

② 精制工序：定级归堆→毛茶大堆→走水焙→筛分→风选→拣制→烘焙→匀堆→成品。

泡法

用茶壶或盖碗冲泡，茶水比为1：50，水温为95℃左右。

程序：温壶→投茶→润茶→冲泡→静置→温杯→分斟→品饮。

盖碗冲泡

正山小种红茶汤

无心之念得名茶

武夷山星村桐乡的江墩，海拔1500米左右。这里的乡民祖祖辈辈都制作茶或经营茶业。

相传，清初的某年，一支军队路过江墩，士兵们就睡在茶青上，等军队离开后，茶青已经开始不同程度的发酵了。于是，村民们赶紧将茶青揉捻后，用当地的马尾松烘干，这种带有马尾松特有的松脂香味的茶并没有受到人们的喜爱，因为当时人们都习惯饮绿茶。于是，村民们便将茶挑到星村去出售。当时，星村是茶叶的一个集散地，这种茶出售后的第二年，就被人高价订购。于是，这种发酵红茶开始受到人们的关注，并得到了迅速的发展，小种红茶从此风靡一时。

后来，这种小种红茶竟引起许多外商的注意，远销海外。“正山小种”红茶一词在欧洲最早称WUYI BOHEA，其中WUYI是武夷的谐音；在欧洲它是中国茶的象征，后因贸易繁荣，当地人为区别其他小种红茶，故取名为“正山小种”。

祁红工夫茶

凤凰山麓径横斜，换渡频通隔涧槎。
一勺凤泉清澈底，半山亭下试新茶。

——《祁门竹枝词四首（其二）》
（晚清）华汝楫

祁红工夫茶，简称“祁红”，主产于安徽省祁门县及毗邻的石台县、东至县、贵池区、黟县和黄山区（旧称太平县）等地。采制祁红的茶树以群体品种为主，共有槠叶种、柳叶种、栗漆种、紫芽种、大叶种、迟芽种、早芽种和大柳叶种等8个品种，而槠叶种是最适合制作祁门红茶的当家茶树品种。

至于祁红的来历，相传清光绪元年（1875年），安徽黟县人余干臣由福建罢官回原籍，因羡福建红茶畅销多利，便在至德县（已并入今东至县）尧渡街设立红茶庄，仿效闽红制法，试制红茶成功。自问世以来，祁门红茶以其清鲜持久、似花似果似蜜的独特的“祁门香”风靡世界，享誉全球，被公认为是与印度的大吉岭红茶和斯里兰卡的乌瓦红茶齐名的世界三大高香红茶，1915年曾获巴拿马万国博览会金奖，有着“王子茶”“群芳最”“茶中英豪”的美誉。邓小平同志曾盛赞祁红：“你们祁红世界有名。”

祁门槠叶种茶树

二、食材感观品质

祁红工夫茶外形条索细紧匀齐，锋苗显露；色泽乌润泛灰光，俗称“宝光”；清鲜持久，其香似花、似果、似蜜，誉为“祁门香”；汤色红亮；滋味浓醇鲜爽；叶底红亮嫩匀。

三、加工与泡法

加工

祁红工夫茶的制作过程分为初制和精制两个阶段，初制是茶叶基本品质形成的基础。祁红工夫茶的初制分为：萎凋、揉捻、发酵、干燥4个步骤。

祁红工夫茶的精制工序是初抖、筛分、打袋、毛抖、毛撩、净抖、净撩、挫脚、风选、飘筛、撼筛、手拣、拼配、补火、匀堆、装箱16个步骤，其中的手工制作工序主要有筛分、打袋、风选、手拣、补火和匀堆等。

泡法

用茶壶或盖碗冲泡，茶水比为1：50，水温为95℃左右。

程序：温壶→投茶→润茶→冲泡→静置→温杯→分斟→品饮。

盖碗冲泡祁红工夫茶

胡元龙创制祁红工夫茶

相传祁门南乡人胡元龙在创制祁门工夫茶时，发现他试制的茶叶发酵后颜色乌黑，试泡后汤色红艳，并在杯中有一道金圈。胡元龙看过之后，甚为惊奇，冥思苦想一阵子后，顿时喜上眉梢。

他当即对周围的人说："我试制的这种茶叶日后一定不愁销路，大家都会喜欢的。"众人不解，便询其故。胡元龙解释道："吾茶色黑，乃道家的玄色，是信奉道学道教的人所喜欢的；吾茶泡后汤色红艳，红色代表着喜庆吉祥，这是我们中国人最喜欢的颜色，也是儒家崇尚的主色，谁人不爱其色美色吉呢?"

只见他又端起茶杯，指着杯中茶对众人说道："你们仔细看看，这是什么?"

"是什么？咦！这茶汤边上还有一道金圈。"大伙甚感惊奇。

"对，是一道金色的圆圈，茶杯边沿有金圈环绕。你们都知道所有的庙宇大殿中的佛像，皆是金碧辉煌，大佛都是金光闪闪。如此看来，吾茶是不是可以说是佛茶，红茶喉中过，佛祖心中留。敬茶则敬佛也，这不是预示着大吉大利嘛?既然我试制的茶叶能融道、儒、佛三教于一体，信奉三教的人都会喜爱我的红茶，既去渴又健身，既喜庆又吉祥。你们说，吾茶如此，焉能不红，焉能不火，日后一定会吉星普照、吉祥如意的。"

果不其然，祁门工夫茶一经推上市场，便迅速走红，名列世界三大高香茶之首，两夺国际金奖。后来，祁门工夫茶还成为英国皇家的珍品，成为西方贵族身份地位的象征和标志，享受着至高无上的尊贵和荣耀，引领了当时社会的时尚生活方式。

滇红工夫茶

竹下忘言对紫茶，全胜羽客醉流霞。
尘心洗尽兴难尽，一树蝉声片影斜。

——《与赵莒茶宴》（唐）钱起

一、物种本源

滇红工夫茶，简称“滇红”，产于云南省澜沧江沿岸的临沧、保山、普洱、西双版纳、德宏、红河6个州市的20多个县。原料采自云南大叶种茶树。1937年秋，冯绍裘和郑鹤春到云南实地考察并调查茶叶产销情况，发现凤庆县的凤山有着很适合茶树生长的自然条件，于是开始试制红茶。1939年，第一批滇红500担终于试制成功，冯绍裘从众人之意，将其定名“滇红”。

云南小乔木茶树

二、食材感观品质

滇红工夫茶芽锋秀丽完整，金毫多而显露，条索紧直肥壮；色泽乌润；内质香气鲜郁高长；滋味浓厚鲜爽；汤色红艳透亮；叶底红匀嫩亮。

三、加工与泡法

加工

初制工艺流程：萎凋→揉捻→发酵→干燥。

泡法

用茶壶或盖碗冲泡，茶水比为1：50，水温为95℃左右。

程序：温壶→投茶→润茶→冲泡→静置→温杯→分斟→品饮。

盖碗冲泡滇红工夫茶

滇红茶的诞生

“七七”抗战开始不久，我（即作者冯绍裘先生）被疏散离开祁门茶叶改良场。1938年九月中旬，即被派往云南调查茶叶产销情况。和我一同前往的有中茶公司专员郑鹤春先生。十月中旬，我们由昆明乘汽车三天到达下关，然后步行山路十来天，十一月初始到达顺宁（即现在的凤庆县）。

这是秋末冬初时节了，但看到顺宁县凤山茶树成林，一片黄绿，逗人喜爱。茶树均为单本植，高达丈余，芽壮叶肥，白毫浓密，芽叶生长期长，顶芽长达寸许，成熟叶片大似枇杷叶，嫩叶含有大量黄素，产量既高品质又好，这些云南大叶种茶的特点，非常合乎我的理想。

一向不生产红茶的云南，能否生产出好的红茶呢？从调查的情况来看是完全可能的，如能采用大叶种茶创制出好的红茶，其发展前途是无可估量的，为此，我怀着满腔热忱，决心试一试，创制名茶为中华民族争荣。

我到顺宁第二天即商请凤山茶园试采“一芽二叶”样品，以观察其品质的优劣，找出问题之所在。一切都很如意，两个茶样，看去一红一绿，宛如一金一银，使人不胜欣喜。红茶样：满盘金色黄毫，汤色红浓明亮，叶底红艳发光（橘红），香味浓郁，为国内其他省小叶种的红茶所未见。绿茶样：满盘银白毫，汤色黄绿清亮，叶底嫩绿有光，香味鲜浓清爽，亦为国内绿茶所稀有。这两种茶堪称我国红、绿茶中之上品。沿长江南北一带地区都不产冬茶，而云南迤西顺宁初冬季尚能生产这样的高级红、绿茶叶，诚属可贵。

1939年初，政府决定由郑鹤春负责云南省茶叶公司，由我即刻着手规划筹建顺宁实验茶厂。顺宁地处山区，交通困难，百余里山路，只能靠骡马驮运，我们在机器和动力设备没有配齐安装完毕的情况下，采取土法上马，保证“新滇红”试制工作顺利开展。不久，第一批“新滇红”约500担终于试制成功了，当时没有木箱铝罐，即用沱茶篓装运香港，然后再改木箱铝罐出口。

1940年后，“滇红”在国际市场上被齐加赞赏，认为其外形内质都好，可与印度、斯里兰卡红茶媲美，据说英国女王将“滇红”置于透明器皿内作为观赏之物，视为珍品。“滇红”为我国挣得了大量外汇，立了功劳，我感到十分欣慰。

（节略摘自冯绍裘先生撰写的《滇红史略》）

宁红工夫茶

瓦盆雷动千山晓，横岭香传两袖风。
添得老禅精彩好，江西一吸兔瓯中。

——《送茶头并化士（其五）》
（南宋）释慧空

一、物种本源

宁红工夫茶的主产区位于江西省西北部的修水县。修水古称宁县、宁州等，故该茶被称为“宁红”。宁红产区峰峦起伏，林木苍翠，年降水量达1600～1800毫米，日照时数为1700～1800小时；春夏之间，当茶树萌发之时，常云凝深谷，雾锁山岗，浓雾80～100天，相对湿度为80%左右；土层深厚，多为红壤黏土，土质肥沃，有机物质含量丰富，给茶树发育生长以良好的生态环境。

二、食材感观品质

宁红工夫茶外形条索紧结圆直，锋苗挺拔，略显红筋；色乌略红，光润；内质香高持久，具有独特香气；滋味醇厚甜和；汤色红亮；叶底红匀。

三、加工与泡法

加工

于谷雨前采摘一芽一叶初展，经萎凋、揉捻、发酵、干燥后初制成红毛茶；然后再经筛分、抖切、风选、拣剔、复火、匀堆等工序精制而成。

泡法

用茶壶或盖碗冲泡，茶水比为1：50，水温为95℃左右。

程序：温壶→投茶→润茶→冲泡→静置→温杯→分斟→品饮。

盖碗冲泡宁红工夫茶

宁红工夫茶的历史渊源

据史料记载，修水古称武宁、分宁、宁县、宁州、义宁等，属洪州（今南昌），有千余年的产茶历史。五代后唐末帝清泰二年（935年），毛文锡所著《茶谱》载：“洪城双井白芽，制作极精。”至两宋，修水茶更蜚声国内。北宋黄庶、黄庭坚父子将家乡精制的“双井茶”推赠京师名士苏东坡等，一时名动京华。欧阳修的《归田录》中将其誉为“草茶第一”。南宋宁宗嘉泰四年（1204年），隆兴（1163年，洪州改名隆兴）知府韩邈奏曰：“隆兴府惟分宁产茶，他县无茶。”当时修水年产茶200余万斤，其中的“双井”“黄龙”等皆称绝品。

19世纪中叶，宁红畅销欧美。美国茶叶专家威廉·乌克斯在《茶叶全书》专著中评述“宁红外形美丽、紧结、色黑，水色红艳引人，在拼和茶中极有价值”，并称赞“宁红色、香、味俱属上乘”。

清代光绪十八年至二十年（1892—1894年），宁红工夫茶在国际茶叶市场上的销售步入鼎盛时期，每年输出30万箱（每箱25千克）。光绪三十年（1904年），宁红输出达30万担。那时县内茶庄、茶行多达百余家，较有名气的有振植公司、吉昌行、大吉祥、怡和福、恒丰顺、广兴隆、正大祥、恒春行、同天谷行等，全县出口茶占中国出口茶总数的十分之一。

但随着印度、锡兰（斯里兰卡）、日本茶在国际市场上的兴起，加上帝国主义入侵，朝政腐败，宁红外销濒临绝境，修水县年产宁红工夫茶甚至猛跌至7424担。

中华人民共和国成立后，宁红工夫茶得以迅速发展。1958年销往苏联的超级红茶，经中外专家鉴评达国家高级红茶标准，荣获中国茶叶进出口总公司专电祝贺。同年，高级宁红工夫茶“山谷红”送国务院，作为招待外宾的礼茶。次年送往庐山会议的超级宁红工夫茶，获中央领导好评。

1985年生产的宁红特级工夫茶“宁红金毫”，是中国十大工夫茶中的珍品，在1985年中国优质食品评比会上博得专家高度赞誉，荣获国家银质奖。1988年在中国首届食品博览会上被评选为金奖。

闽红工夫茶

云鬟枕落困春泥，玉郎为碾瑟瑟尘。
闲教鹦鹉啄窗响，和娇扶起浓睡人。
银瓶贮泉水一掬，松雨声来乳花熟。
朱唇啜破绿云时，咽入香喉爽红玉。
明眸渐开横秋水，手拨丝簧醉心起。
台时却坐推金筝，不语思量梦中事。

——《美人尝茶行》（唐）崔珏

一、物种本源

闽红工夫茶，简称“闽红”，是政和工夫、坦洋工夫、白琳工夫茶的统称。政和工夫茶产于闽北，以南平市的政和县为主，松溪以及浙江庆元地区所产的红毛茶，亦集中政和加工。坦洋工夫茶主产于福安、柘荣、寿宁、霞浦及屏南北部等地。白琳工夫茶产于福鼎太姥山白琳、湖林一带。三大工夫红茶均创制于清代后期。

政和工夫茶一经问世，即享盛名，19世纪中叶，产量达万余担。

坦洋工夫茶相传在清代咸丰、同治年间，由福安县坦洋村人试制而成，产品经广州运销西欧，很受欢迎。此后茶商纷纷入山求购，接踵而来开设茶行，周围各县茶叶亦渐云集坦洋，坦洋工夫名声不胫而走。自清光绪六年至民国二十五年（1880—1936年），坦洋工夫每年出口均上万担，其中光绪二十四年（1898年）出口更达3万余担。

白琳工夫茶兴起于19世纪50年代，当时闽、粤茶商在福鼎经营工夫红茶，广收白琳、翠郊、蹯溪、黄岗、湖林及浙江的平阳、泰顺等地的红条茶，集中在白琳加工，白琳工夫由此而生。20世纪初，福鼎“合茂智”茶号，充分发挥福鼎大白茶的鲜叶特点，所制工夫茶风格独特，在国际市场上很受欢迎。

白琳工夫茶

二、食材感观品质

闽红三大工夫红茶因产地不同、品种不同，品质风格也不同。

政和工夫茶分为大茶、小茶两种，以大茶为主体，扬其毫多味浓之优点：外形条索紧结，肥壮多毫，色泽乌润；内质汤色红浓；香气高而鲜甜，滋味浓厚；叶底肥壮红亮。小茶条索细紧，香似祁红，但欠持久，汤稍浅、味醇和，叶底红匀。

坦洋工夫茶外形细长匀整，茶毫微显金黄，色泽乌润，内质香气高爽，滋味醇厚，汤色红亮，叶底红匀。其中坦洋、帮宁、周宁山区所产工夫红茶香味醇厚，条索较为肥壮；东南临海的霞浦一带所产工夫红茶色鲜亮，条形秀丽。

白琳工夫茶外形条索细长弯曲，茸毫多呈颗粒绒球状，色泽黄黑，内质汤色浅亮，香气鲜纯有毫香，滋味清鲜甜和，叶底鲜红带黄。

三、加工与泡法

加工

政和工夫茶中大茶是采用政和大白茶制成，是闽红三大工夫茶的上品；小茶是用小叶种茶树鲜叶制成。坦洋工夫茶和白琳工夫茶原先都是采用当地种植的群体种茶树鲜叶制成，后来推广福鼎大白茶、福安大白茶等茶树良种，用来制作工夫红茶。闽红工夫茶开采期在四月上、中旬，鲜叶采摘标准为一芽二、三叶。

初制工艺流程：萎凋→揉捻→发酵（渥红）→烘干（初制毛茶）。若出口需再精制。

盖碗冲泡闽红工夫茶

泡法

用茶壶或盖碗冲泡，茶水比为1∶50，水温为85~95℃。

程序：温壶→投茶→润茶→冲泡→静置→温杯→分斟→品饮。

历史悠久的政和工夫茶

政和产茶历史悠久，在宋朝即盛产名贵的芽茶。宋徽宗政和五年（1115年），芽茶被选作贡茶运往汴京，喜动龙颜，徽宗皇帝乃将政和年号赐作县名，政和县由此而来。

政和工夫茶创制于清代后期，一经问世，即享盛名。光绪十五年（1889年），用大白茶所制的“政和工夫”红茶，成为闽红三大工夫茶之首，享誉海内外！

黄　茶

黄茶（Yellow tea）为中国六大茶类之一。黄茶在加工过程中采用闷黄技术，干茶黄亮，黄汤黄叶，故名黄茶。黄茶生产历史悠久，主产湖南、四川、安徽、浙江、湖北和广东等省，按其鲜叶的嫩度和芽叶大小，分为黄芽茶、黄小茶和黄大茶三类。黄芽茶主要有君山银针、蒙顶黄芽、霍山黄芽；黄小芽主要有北港毛尖、沩山毛尖等；黄大茶主要有安徽霍山、金寨、金安、裕安、岳西和湖北英山等地所产的黄大茶，以及广东大叶青等。

黄茶的加工方法基本与绿茶相同，唯在其基础上增加闷黄工序，以使多酚类物质少部分氧化成黄叶黄汤的独特品质。按闷黄工序的先后可分为杀青后湿坯堆积闷黄，如沩山毛尖；揉捻后湿坯堆积闷黄，如平阳黄汤、北港毛尖、蒙顶黄芽等；干坯堆积闷黄，如霍山黄大茶和霍山黄芽、君山银针等。

君山银针

万顷春声卷浪花，孤舟晚泊天之涯，
岳阳楼头无事坐，洞庭水试君山茶。

——《登岳阳楼》（清）王文治

一、物种本源

君山银针为黄芽茶中的一种，产于湖南省岳阳市城西洞庭湖中的君山岛。岛上年平均温度为16～17℃，年降雨量约为1340毫米，且相对湿度较大，3—9月的相对湿度约为80%，气候非常湿润。春夏季湖水蒸发，云雾弥漫，岛上多为肥沃的砂质土壤，树木丛生，自然环境适宜茶树生长，山地遍布茶园。据《巴陵县志》记载：“君山产茶嫩绿似莲心。”“君山贡茶自清始，每岁贡十八斤。”“谷雨前，知县邀山僧采制一旗一枪，白毛茸然，俗称‘白毛茶’。”又据《湖南省新通志》记载：“君山茶色味似龙井，叶微宽而绿过之。”

茶树新芽

二、食材感观品质

君山银针外形芽头壮实挺直，白毫显露，茶芽大小长短均匀，形如银针；芽身金黄，享有“金镶玉”之誉；香气清香浓郁；滋味甘爽醇和；汤色杏黄明净；叶底黄亮均齐。冲泡时，叶尖向水面悬空竖立，恰似群笋破土而出，又如刀枪林立。茶影汤色，交相辉映，蔚成趣观，继而又徐徐下沉，随冲泡次数而三起三落。

三、加工与泡法

加 工

采制君山银针的要求很高，尤其对采摘茶叶的时间要求更严，一般开始于清明前三天左右。不但如此，还有九种情况不能采摘：雨天不采、露水芽不采、冻伤芽不采、紫色芽不采、开口芽不采、空心芽不采、瘦弱芽不采、虫伤芽不采、过长过短芽不采，即所谓君山银针的“九不采”。一般来说，500克茶叶需要采摘芽头5万～6万个。鲜叶采回之后，经“杀青、摊晾、初烘、摊凉、初包、复烘、再摊凉、复包、足火”九道工序加工而成。全程历时三昼夜，达70多小时。

泡 法

用玻璃杯或盖碗冲泡较为适宜，茶水比为1：50，水温为80℃左右。

程序：温杯→投茶→润茶→冲泡→静置→品饮。

盖碗冲泡君山银针

后唐明宗皇帝与黄翎毛飞白鹤

关于君山银针，有很多美丽的传说。据说它的第一颗种子，是四千多年前舜帝的妃子娥皇、女英南下千里寻夫时播下的。

还有一个传说，是说五代后唐的第二个皇帝明宗李嗣源，有一回上朝的时候，侍臣为他捧杯沏茶，开水向杯子里一倒，马上看到一团白雾腾空而起，慢慢地出现了一只白鹤。这只白鹤对明宗点了三下头，便朝蓝天翩翩飞去。再往杯子里看，杯中的茶叶都齐整整地悬空竖了起来，就像一群破土出来的竹笋。过了一会儿，又都慢慢下沉，就像是落雪一样。

明宗问侍臣是什么原因，侍臣回答说："这是君山的水泡黄翎毛（即银针）的缘故。白鹤点头飞入青天，是表示万岁洪福齐天；黄翎毛竖起，是表示对万岁的敬仰；黄翎毛缓堕，是表示对万岁诚服。"明宗听了，心里很高兴，马上下旨把君山黄翎毛定为贡茶。侍臣的话原是讨好帝王，但是君山银针能"悬空而立"，并且能像落雪一样下沉又上升，的确极为美观。

霍山黄芽

卢仝七碗已升天。拨雪黄芽傲睡仙。
虽是旗枪为绝品，亦凭水火结良缘。
兔毫盏热铺金蕊，蟹眼汤煎泻玉泉。
昨日一杯醒宿酒，至今神爽不能眠。

——《瑞鹧鸪 咏茶》（金）马钰

一、物种本源

霍山黄芽为黄芽茶中的一种，产于安徽省六安市霍山县。霍山县总体为山地地貌，地势由东南向西北倾斜，依次可分为中山、低山和丘陵畈区。其间有一些小型的河谷盆地，海拔为500~800米，山体破碎，坡度较缓，土地肥沃，水源充足，适宜茶树生长。霍山黄芽以当地群体种茶树鲜叶为原料，于谷雨前五天左右开采，至立夏结束。

二、食材感观品质

霍山黄芽芽叶条直微展，形似雀舌；色泽润绿泛黄；香气高纯带熟栗子香；滋味浓厚鲜醇，回味甘甜；汤色黄绿，清澈明亮；叶底嫩黄明亮，嫩匀厚实。

霍山茶山

三、加工与泡法

加工

霍山黄芽采摘标准为一芽一、二叶。制作工序包括杀青、初烘、闷黄、复烘、足烘等。

泡法

用玻璃杯或盖碗冲泡，茶水比为1：50，水温为85~95℃。

程序：温杯→投茶→润茶→冲泡→静置→品饮。

玻璃杯冲泡霍山黄芽

文成公主钟爱寿州茶

唐太宗贞观十五年（641年），唐朝宗室女、24岁的文成公主入藏与松赞干布成亲。据记载，文成公主进藏时曾经带去了大量物品，其中就有她钟爱的寿州（今安徽霍山）茶叶。另据唐翰林学士李肇所著的《唐国史补》载：“常鲁公使西蕃，烹茶帐中。赞普问曰：‘此为何物？’鲁公曰：‘涤烦疗渴，所谓茶也。’赞普曰：‘我此亦有。’遂命出之。以指曰：‘此寿州者，此舒州者，此顾渚者，此蕲门者，此昌明者，此灉湖者（今湖南岳阳）。’”又据《唐国史补》，唐代贡茶有十余品目，霍山黄芽亦位列其中。

蒙顶黄芽

旧谱最称蒙顶味，露芽云液胜醍醐。
公家药笼虽多品，略采甘滋助道腴。

——《蒙顶茶》（北宋）文彦博

一、物种本源

蒙顶黄芽为黄芽茶中的一种，产于四川省雅安市蒙山。蒙山地处四川盆地西缘山地，为青藏高原到川西平原的过渡地带。蒙山山势巍峨，峰峦挺秀，绝壑飞瀑，重云积雾。蒙山有上清、菱角、毗罗、井泉、甘露五顶，亦称五峰，远眺蒙顶山，五峰突兀，形似莲花，名山名茶相得益彰。蒙顶黄芽采制品种为四川中小叶群体种，一般在春分前后采摘。当茶树上有10%左右的芽头鳞片展开时，即可开园摘采。

二、食材感观品质

蒙顶黄芽外形扁平挺直，鲜嫩显毫；色泽黄亮油润；香气甜香浓郁；汤黄透碧；滋味甘醇鲜爽；叶底嫩黄匀齐。

蒙顶茶园

三、加工与泡法

加工

蒙顶黄芽的采摘标准为肥壮的芽和一芽一叶初展的芽头，要求芽头肥壮匀齐。采摘时要严格做到“五不采”，即紫色芽不采、虫伤芽不采、露水芽不采、瘦弱芽不采、空心芽不采。采回的嫩芽及时摊放，经杀青、初包、复炒、复包、三炒、堆放（起闷黄作用，趁热堆厚5～7厘米，放置24～36小时）、四炒、烘焙等工序加工而成。

泡法

用玻璃杯或盖碗冲泡，茶水比为1：50，水温为80～90℃，投茶方式采用“上投法”。

程序：温杯→注水→投茶→静置→品饮。

玻璃杯冲泡蒙顶黄芽

耶律楚材佩刀研黄芽

据专家考证，蒙顶黄芽是在石花制作工艺基础上发展起来的一个茗品。它是一款古老的饼茶，延续到现代虽然已成为散茶，也有了黄小茶、黄大茶的出现，但传统的黄变工艺没变，一个“黄”字，决定了它的品味与特质。

黄芽，即使是在“只识弯弓射大雕”的元代，也是极受追捧的。“玉杵和云舂素月，金刀带雨剪黄芽。”这是辽皇族之后、蒙古开国功臣耶律楚材的诗句，写的是在军帐外明朗的月光下，他用佩刀从黄茶饼上挑下些许小块，置入臼中舂碎研细的情况。历代王公贵族爱黄芽，寻其究竟，却有它的道理。

莫干黄芽

策杖水云游历，一身到处为家。
洞天高卧养丹砂。
茅屋柴篱入画。
收拾黄芽白雪，合和玉液金茶。
就中甘味不须誇。
夺个仙魁无价。

——《玉炉三涧雪》（元）王丹桂

一、物种本源

莫干黄芽为黄芽茶中的一种，主要产地为浙江省湖州市德清县莫干山一带。莫干山为西天目山东支余脉，森林覆盖率达92%。大竹海构成一道天然屏障，营造了茶区小气候，山区夏季平均最高气温为26℃，适宜种植茶树。

二、食材感观品质

莫干黄芽外形细紧，形如莲心；色泽绿润微黄；汤色嫩黄明亮；香气清香幽雅；滋味甘醇鲜爽；叶底嫩黄成朵。

三、加工与泡法

加工

莫干黄芽以当地群体种茶树嫩芽为原料，开采于4月上中旬，采一芽一叶、一芽二叶初展的鲜叶，制茶工艺分为摊放、杀青、揉捻、理条、闷黄、烘干等工序。

盖碗冲泡莫干黄芽

泡法

用玻璃杯或盖碗冲泡，茶水比为1：50，水温为80~90℃，投茶方式采用“上投法”。

程序：温杯→注水→投茶→静置→品饮。

春秋铸剑处，莫干黄芽香

莫干山，因春秋时期能工巧匠干将、莫邪在此铸成著名雌雄宝剑而得名，海拔为724米，境内山峦起伏，云雾缭绕，翠竹连绵，清泉无数。这里一年四季绿波涟漪，享一方清虚，得六合之气，素以“竹胜”“云胜”“泉胜”三胜著称，既是闻名于世的避暑胜地，也是“莫干黄芽”的主要产地。

莫干山产茶历史悠久。唐代陆羽所著《茶经》中评论茶叶品质时指出，“浙西以湖州上”“生安吉、武康二县山谷”，所指武康山谷就是现今的“莫干黄芽”之产地。

莫干山茶的采制方法十分考究。据清《前溪逸志》中叙述，四月开始采摘，男女老少一起上山，山村夜间灯火通明，通宵赶制，工艺极为精细，大体要经过“炙”“揉”“焙”“汰”四个过程，按现代说法，就是杀青、揉捻、烘焙和拣别。又据《莫干山志》记载，清明前后采制的称芽茶。芽茶十分名贵，细嫩黄绿，为有别于其他名茶，后人命名为“莫干黄芽”。

莫干山的春茶有“芽茶”“毛尖”“明前”和“雨前”之分，其中以“芽茶”最为细嫩。上等“莫干黄芽”的品质特点是：外形紧细成条，犹如莲心，色泽黄嫩油润，芽叶成朵，汤色橙黄而明亮，香气清鲜，滋味醇爽。

莫干山茶好，泉水也好。清朝诗僧秋潭有一绝句：“峰头云湿比含雨，溪口泉香尽带花，正是天池谷雨后，松荫十里卖茶家。”认为这里泉水清洌，非常适合泡茶。香泉沏新茶，更是一饮而沁人肺腑。在莫干山避暑的游人，置身于松坪竹荫下，品茶小坐，其泉甘洌，茶味浓香，实感消夏茶韵，清凉有趣。

平阳黄汤

春风最窈窕，日晓柳村西。
娇云光占岫，健水鸣分溪。
燎岩野花远，戛瑟幽鸟啼。
把酒坐芳草，亦有佳人携。

——《茶山下作》
（唐）杜牧

一、物种本源

平阳黄汤，属于黄小茶类，主产于浙江省温州市平阳、泰顺、瑞安等地，品质以平阳北港朝阳山所产为最佳，故名“平阳黄汤”。

二、食材感观品质

平阳黄汤外形纤秀匀整，色泽黄绿显毫；汤色杏黄明亮；香气清高幽远；滋味甘醇爽口；叶底嫩黄成朵。

三、加工与泡法

加工

平阳黄汤采摘标准为一芽一叶初展至一芽二叶，茶树蓬面每平方米达10～15个标准芽为开采时期。原料进厂要进行验收、分级，制茶工艺有摊青、杀青、揉捻、一闷、一烘、二闷、二烘、三闷、三烘等加工程序。

泡法

用玻璃杯或盖碗冲泡，茶水比为1：50，水温为90℃左右。

程序：温杯→投茶→润茶→冲泡→静置→品饮。

盖碗冲泡平阳黄汤

平阳黄汤享誉京城

两三百年前，在当时的京津地区，说起平阳县，或许有人不知，但只要一提“平阳黄汤”，总会有人拍手称好。许多爱茶之人，都识它、懂它、爱它。这其中有贡品之说，更有茶好的缘故。地处江南的温州，自古就出好茶，而平阳又是温州产茶佳处。在唐代“浙产茶十州五十五县，有永嘉、安固、横阳、乐城四县名。”横阳就是今天的平阳。

明末清初，平阳茶叶主销天津、北京等地。旧时制茶，工序一律是人工处理，遇到阴雨天气，杀青与捻揉之后的茶叶无法及时烘干。一次，有家茶农遇到催货紧急时期，无奈之下，未干透的茶叶就被装货发出，长途运输中鲜碧的茶芽被闷成嫩黄色。在又燥又冷的北国之地，这种被闷黄的茶少了绿茶的生鲜寒凉，多了一分温润醇厚，反倒更加受欢迎了，平阳黄汤由此面世。

平阳黄汤是典型的黄茶，醇厚甜爽，清乾隆年间被征为贡茶，与君山银针、蒙顶黄芽、北港毛尖、鹿苑毛尖、霍山黄芽、沩山白毛尖、皖西黄大茶、广东大叶青、海马宫茶并列为十大黄茶。到20世纪30年代初期，平阳黄汤每年仍有千余担运销京津沪等城市。

沩山毛尖

麦粒收来品绝伦，葵花制出样争新。
一杯永日醒双眼，草木英华信有神。

——《尝新茶》（北宋）曾巩

一、物种本源

沩山毛尖，产于湖南省宁乡市的西大沩山。大沩山地势高峻，群峰环抱，林木繁茂，云雾常年不散，故有“千山万水朝沩山，人到沩山不见山”之说。

二、食材感观品质

沩山毛尖叶缘微卷，呈片状，形似兰花，有毫；色泽黄润；汤色橙黄鲜亮；烟香浓厚；滋味醇甜爽口；叶底嫩匀黄亮。

三、加工与泡法

加工

沩山毛尖一般于清明后7～8天开采，待肥厚的芽叶伸展到一芽二叶时，采下一芽二叶，留下鱼叶，俗称“鸦雀嘴”。加工步骤分为鲜叶摊青、杀青、初揉、闷黄、初烘、复揉、二次闷黄、足烘。

泡法

用盖碗或玻璃杯冲泡，茶水比为1∶50，水温为85～95℃。

程序：温碗→投茶→润茶→冲泡→静置→品饮。

盖碗冲泡沩山毛尖

妫煮茶治病

相传舜晚年到南方巡视，久久不回，时刻心牵着他的两个爱妃娥皇、女英和掌上明珠——小女儿妫。她们商议后就启程来南方寻找。娥皇、女英登上九嶷山俯瞰湘南，她们思念的泪水滴到湘江边的竹子上，把竹子染成了斑竹。

妫和娥皇、女英道别，独自一人在四处寻觅。妫走着走着，看见一片群山，风景优美，鸟语花香，人们也怡然自乐。在寻找父亲的过程中，妫看到一位年轻男子，长得很是英俊，便心生爱慕，决定和这位男子私订终身，结婚生子。

欢乐的时光总是很短暂，转眼四年过去，妫和丈夫生育了一儿一女，襁褓中的儿子都快一岁了。突然有一天，妫所在村庄的很多村民都感染了可怕的瘟疫，妫略通医术，没日没夜地为村民治病却不见有多大效果。妫绞尽脑汁寻找医病良方，正当一筹莫展时，她做了一个奇怪的梦，梦见其父舜帝托梦给她，告诉她所在的山上有一种奇特的植物叫茶树，树叶煮水喝可以包治百病。第二天一醒来，妫立即和丈夫一起上山采集树叶、煮水给乡亲们送去，乡亲们喝了茶叶水后瘟疫果然逐渐治愈了。送走了瘟神以后，山上的乡亲们纷纷把茶树移栽到庭前院后，闲暇之时用茶叶煮水喝。渐渐地，乡亲们发现喝茶水不但能解渴，还能让人身体强健，延年益寿，百病不生。乡亲们为纪念妫的功德，就将这座山叫作妫山。后来有人误把“妫”写成了“沩”，从此，以讹传讹，就成了“沩山”。

青　茶

青茶（Oolong tea）习称“乌龙茶”，属半发酵茶，创制于清初。青茶综合了绿茶和红茶的制法，以其特有的做青工艺，配合炒青、造型和别具一格的干燥工艺，形成了独特的品质风格，既有红茶浓鲜味，又有绿茶清新芳香，并有“绿叶红镶边”的叶底。

陆廷灿的《续茶经》引王草堂的《茶说》曰：“武夷茶自谷雨采至立夏，谓之头春。……茶采后以竹筐匀铺，架于风日中，名曰晒青。俟其色渐收，然后再加炒焙。阳羡岕片只蒸不炒，火焙以成。松萝、龙井皆炒而不焙，故其色纯。独武夷炒焙兼施，烹出之时半青半红，青者乃炒色，红者乃焙色。茶采而摊，摊而摝，香气发越即炒，过时不及皆不可。既炒既焙，复拣去其中老叶枝蒂，使之一色。”《茶说》记录的武夷岩茶的制作工序有晒青、摇青（摝意为摇）、炒青、烘焙、拣剔等，这些工序乃是武夷岩茶（青茶）的基本工序。武夷岩茶冲泡后“半青半红”，也符合青茶叶底“绿叶红镶边”的特征。至此在清初康熙年间，作为青茶的武夷岩茶已初步形成。

青茶主产于福建、台湾和广东，以福建青茶历史最悠久，花色最丰富。按摇青轻重和产区不同，分为闽北青茶（采取重萎轻摇，发酵较重，成茶香气悠长，味甜醇和，如武夷岩茶、闽北水仙、闽北乌龙、单枞奇种等）和闽南青茶（采取轻萎重摇，发酵较轻，成茶香气清高，味浓厚，如铁观音、乌龙、色种、梅占、奇兰等品种），以及广东青茶和台湾青茶。

武夷岩茶

武夷春暖月初圆，采摘新芽献地仙。
飞鹊印成香蜡片，啼猿溪走木兰船。
金槽和碾沉香末，冰碗轻涵翠缕烟。
分赠恩深知最异，晚铛宜煮北山泉。

——《尚书惠蜡面茶》（唐）徐夤

一、物种本源

武夷岩茶，产于福建省武夷山，创始于清初，为闽北乌龙茶的一种，具有“岩韵”（岩骨花香）的品质特征，这是武夷岩茶独特的自然生态环境、适宜的茶树品种、良好的栽培技术和传统而科学的制作工艺等综合形成的香气和滋味。

武夷山风景秀丽，碧水丹山。山多岩石，茶树生长在岩缝中，岩岩有茶，故称“武夷岩茶”。武夷岩茶主产区位于慧苑坑、牛栏坑、大坑、流香涧、悟源涧一带，选择优良茶树单独采制成的岩茶称为“单丛”，单丛加工品质特优的称为“名丛”。1921年，蒋希召在其出版的《蒋叔南游记》中载：“武夷产茶，名闻全球。……茶之品类，大别为四种：曰小种，其最下者也，高不过尺余，九曲溪畔所见皆是，亦称之半岩茶，价每斤一元；曰名种，价倍于小种；曰奇种，价又倍之，乌龙、水仙与奇种等，价亦相同，计每斤四元，水仙叶大，味清香，乌龙叶细色黑，味浓涩；曰上奇种，则皆百年以上老树，至此则另立名目，价值奇昂，如大红袍，其最上品也，每年所收，天心不能满一斤，天游亦十数两耳。武夷各岩所产之茶，各有其特殊之品。天心岩之大红袍、金锁匙，天游岩之大红袍、人参果、吊金龟、下水龟、毛猴、柳条，马头岩之白牡丹、石菊、铁罗汉、苦瓜霜，慧苑岩之品石、金鸡伴凤凰、狮舌，磊石岩之乌珠、壁石，止止庵之白鸡冠，蟠龙岩之玉桂、一枝香，皆极名贵。此外有金观音、半天摇、不知春、夜来香、拉天吊等等，名目诡异，统计全山将达千种……”其中的大红袍、水金龟、铁罗汉、白鸡冠，合称武夷岩茶“四大名丛”，另外还有用水仙品种制成的“武夷水仙”等。而武夷肉桂则是20世纪80年代选育推广的品种，以香气辛锐浓长、似桂皮香而突出。

二、食材感观品质

武夷岩茶外形条索肥壮，紧结匀整，带扭曲条形，叶背起蛙皮状砂粒，色泽油润带宝光；内质香气馥郁隽永，具有特殊的“岩韵”，可谓岩骨花香；滋味醇厚回甘，润滑爽口；汤色橙黄，清澈艳丽；叶底柔软匀亮，边缘朱红或起红点；中央叶肉浅黄绿色，叶脉浅黄色。

武夷岩茶当家品种肉桂

武夷名丛水金龟

武夷名丛铁罗汉

武夷名丛白鸡冠

武夷名丛半天妖

武夷水仙

武夷水仙外形肥壮，色泽绿褐而带宝色，部分叶背呈现砂粒，叶基主脉宽扁明显；香浓锐，具特有的“兰花香”；味浓醇而厚，口甘清爽；汤色浓艳呈深橙黄色；叶底软亮，叶缘朱砂红点鲜明。

武夷肉桂外形紧结，色泽青褐鲜润；香辛锐，桂皮香明显；味鲜滑甘润；汤色橙黄清澈；叶底黄亮，红点鲜明。

三、加工与泡法

加工

武夷茶区春茶采摘于谷雨后（个别早芽种例外）至小满前；夏茶在夏至前；秋茶在立秋后。采摘鲜叶以中开面至大开面二、三叶为宜，采

日光萎凋

摘优质名丛或品种有特殊要求：雨天不采，露水叶不采，烈日不采，前一天下大雨不采。当天最佳采摘时间为9—11时，14—17时次之。茶青要严格分开，不同名丛、不同品种、不同岩、不同批均需分开，分别付制，不得混淆。

传统手工制作工艺较为精细，可分为萎凋（日光、加温）、凉青、摇青与做手、炒青、初揉、复炒、复揉、走水焙、扇簸、凉索（摊凉）、毛拣、足火、团包、炖火等工序。

泡法

用茶壶或盖碗冲泡，茶水比为1：22，水温为95~100℃。

程序：温壶→投茶→温润→注水→静置→温杯→分斟→品饮。

茶壶冲泡武夷岩茶

武夷大红袍的得名

大红袍名称的由来传说有三：

传说之一，该茶树春天茶芽萌发时嫩梢呈紫红色，远看像一团火，故名大红袍。

传说之二，崇安县令病重，饮用大红袍后奇迹般地痊愈了，县令为感念此茶的治病之功，将身披红袍加盖在茶树上，并焚香礼拜，大红袍由此得名。

传说之三，有一上京赶考的举子路过九龙窠突然得病，借宿一庙中。和尚怜而取所珍藏之茶饮之，举子病立解，且精神特佳，进京后一举而中状元。回乡祭祖时，状元特赴庙中答谢，并问及该茶产于何株茶丛，和尚一一告之，状元大喜，乃脱红袍披于茶丛之上，茶亦因此而得名，流传至今。

安溪铁观音

安溪竞说铁观音，露叶疑传紫竹林。
一种清芬忘不得，参禅同证木樨心。

——《茶》（清末民初）连横

一、物种本源

安溪铁观音为闽南乌龙茶的一种，产于福建省安溪县，由铁观音品种茶树的芽叶加工而成。春茶一般于4月底至5月初采制，夏茶于6月下旬采制，暑茶于8月上旬采制，秋茶于10月上旬采制。

安溪铁观音茶园

二、食材感观品质

铁观音品种茶树枝叶

安溪铁观音茶叶条索卷曲壮结，呈青蒂绿腹蜻蜓头状；色泽鲜润，砂绿明显，叶表带白霜；香气高香持久；汤色金黄明亮；滋味鲜醇高爽，回甘带蜜香；叶底肥厚明亮，叶背外曲，具绸面光泽。铁观音贵在其韵，即“观音韵”，来自铁观音馥郁清高、犹如空谷幽兰的香气和醇厚鲜香、余味无穷的滋味。

三、加工与泡法

加工

采摘驻芽三叶，俗称“开面采”。按新梢伸长程度不同又有小开面、中开面、大开面之分，以中开面嫩梢对铁观音品质的形成最为有利。

晾 青

安溪铁观音采制精细，鲜叶经凉青、晒青、晾青、做青（摇青、静置）、炒青、揉捻、初焙、复揉、复焙、复包揉、文火慢烘、拣剔等工序加工而成。

泡法

用茶壶或盖碗冲泡安溪铁观音，茶水比为1：22，水温为95～100℃。程序：温壶→投茶→温润→注水→静置→温杯→分斟→品饮。

茶壶冲泡安溪铁观音

“铁观音”美名由来的两则传说

传说一，安溪西坪有位老茶农叫魏饮，每日必泡茶三杯礼奉观音菩萨，从不间断。一天夜里，魏饮梦见观音菩萨指点他说，山崖上有株透发兰花香味的茶树。第二天，他果然在崖石上发现了梦中的茶树。于是，他采下芽叶泡茶，顿觉花香扑鼻，甘醇鲜爽。

魏饮认为这是茶中之王，于是每逢贵客临门，便用此茶待客。有位塾师尝过后，认为此茶叶重实如铁，又为观音托梦所赐，不如就叫它“铁观音”！从此，“铁观音”便开始为人熟知了。

传说二，安溪尧阳南岩山有位叫王士琅的文人，偶然发现了一株与众不同的茶树，便将其移植到自己的茶圃，朝夕管理，悉心培育，茶树枝叶茂盛，圆叶红心，采制成品，乌润肥壮，泡饮之后，香馥味醇，沁人肺腑。后来他将此茶进献给乾隆皇帝，由于茶叶乌润结实，沉重似铁，味香形美，犹如“观音”，乾隆便赐名为“铁观音”。

凤凰单丛

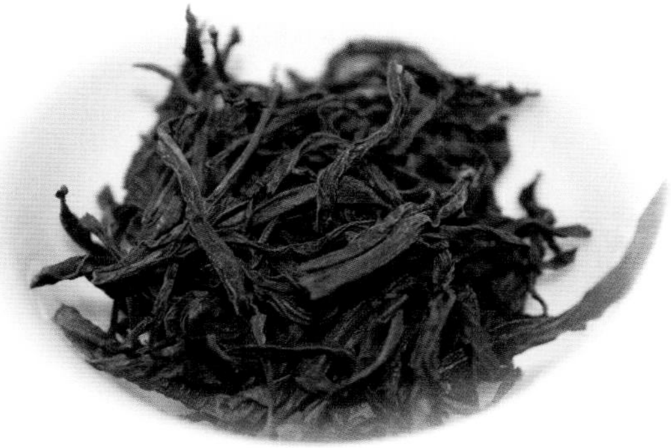

曲院春风啜茗天，竹炉榄炭手亲煎。
小砂壶瀹新鸬嘴，来试湖山处女泉。

——《潮州春思（其六）》
（清）丘逢甲

一、物种本源

凤凰单丛主要产于广东省潮州市潮安区凤凰镇凤凰山，选用凤凰水仙种的优异单株，单株采收，单株制作，故称“单丛”。

二、食材感观品质

凤凰单丛条索粗壮，匀整挺直；色泽乌润，略带红边，油润有光；汤色橙黄，清澈明亮；一棵茶一个味，各有独特的天然香气，上品有特殊山韵蜜味，且香气浓郁持久，有天然花香；滋味浓醇甘爽；叶底青蒂绿腹红镶边。

凤凰山老茶树

三、加工与泡法

加工

选用凤凰水仙种的优异单株鲜叶，采摘标准以新梢形成对夹二、三叶为宜，采茶要求严格，清晨不采、雨天不采、太阳光过强不采，一般是在晴天的14—17时采。加工工艺为晒青、晾青、做青、杀青、揉捻、干燥等工序。

泡法

可用茶壶或盖碗冲泡。茶水比为1：20，水温为用95～100℃。

程序：温壶→投茶→温润→注水→静置→温杯→分斟→品饮。

凤凰单丛的来历

凤凰山的乌岽山，矗立在海拔1498米的最高峰凤乌髻的对面，像一顶金凤凰的冠。那儿有一株老茶树，采下的茶叶泡起来特别清香，人们都把它叫作“凤凰茶”或“单丛茶”。

为什么凤凰单丛的香味如此独特呢？这里有段动人的传说。相传凤凰原来是如来佛前的一只侍鸟，因不甘佛门寂寞，羡慕人间欢乐，便偷偷地逃出天竺梵宫，飞来人间化作一个聪慧美丽的姑娘，与憨厚诚实的牛郎结为夫妻。他们每日种田务茶，和睦相处，十分恩爱。

不料此事被如来察知，他勃然大怒，认为凤凰违反佛门戒规，大逆不道，便派沙陀和尚赶来，用五雷轰塌了田庄、天火焚烧了茶林，将牛郎点化为青牛山。凤凰姑娘正欲与沙陀和尚决一死战，以报杀夫之仇，不料被沙陀抢先下了毒手，被神针钉死。现在凤凰山的山腰处有根大石柱，据说就是那根神针。古茶树是遭天灾后的劫后余生，之所以直立不倒是凤凰姑娘宁死不屈的象征。

在凤凰山边有一口天池，据说是凤凰的血泪凝成，数九寒天，温润怡人，炎夏酷暑，凉爽沁人。凡来往行人走到这里都要坐下歇一歇脚，欣赏天池四周美景，一边喝着天池里的甜水，一边讲述凤凰姑娘的美丽故事。

台湾乌龙茶

雪液清甘涨井泉，自携茶灶就烹煎。
一毫无复关心事，不枉人间住百年。

——《雪后煎茶》（南宋）陆游

台湾乌龙茶，系台湾地区所产各种乌龙茶的总称，主要产地为台北、桃园、花莲、新竹、嘉义、苗栗、南投、宜兰等市县。台湾乌龙茶的茶苗、栽培技术和采制方法都是在清代嘉庆年间从福建传入的。据《台湾通史》载："有柯朝者，归自福建，始以武夷之茶，植于鰈鱼坑，发育甚佳。既以茶子二斗播之，收成亦丰，遂互相传植。"台湾适制乌龙茶的茶树品种有：青心乌龙、青心大有、红心大有、硬枝红心、白毛猴、铁观音、大叶乌龙、红心乌龙、黄心乌龙、四季春、金萱、翠玉等。台湾乌龙茶一年采摘四次，即春茶、夏茶、秋茶、冬茶，其中以春茶、秋茶及早期冬茶品质较佳。根据发酵程度及品质特征，台湾乌龙茶可分为文山包种、冻顶乌龙、高山乌龙、木栅铁观音、白毫乌龙等。

文山包种产于台湾地区北部邻近乌来风景区的山区，以新店、坪林、石碇、深坑、汐止、平溪等乡镇所产者最负盛名。茶园分布于海拔400米以上山区，全年温润凉爽，云雾弥漫。品种以青心乌龙、台茶12～15号、四季春、武夷种、佛手和水仙等较优，红心大有、青心大有、硬枝红心、红心乌龙茶、黄心乌龙、大叶乌龙和台茶5号次之。

冻顶乌龙

冻顶乌龙产于南投县鹿谷乡冻顶山。品种以青心乌龙最优，台茶12号（金萱）、台茶13号（翠玉）等亦佳。

高山乌龙是指在海拔1000米以上茶园所产制的乌龙茶，主要产地为台湾中南部嘉义县、南投县、台中县内海拔1000～1500米的高山茶区。主要花色有嘉义县的梅山乌龙茶、竹崎高山茶、阿里山珠露茶、阿里山乌龙茶；南投县的杉林溪高山茶、雾社卢山高山茶、玉山乌龙茶；台中县的梨山高山茶、武陵高山茶等。品种以青心乌龙为主，其次为台茶12号（金萱）及台茶13号（翠玉）。

木栅铁观音产于台北市文山区指南里。清光绪年间，木栅茶叶公司派茶师张乃妙、张乃干前往福建安溪引进纯种铁观音茶种，种植于木栅樟湖山区（今指南里），从而开始有木栅铁观音茶。主要品种为铁观音茶树，也有少量采自四季春、武夷、梅占、金萱等。为了区分二者制成的茶叶，则称铁观音茶树制成的茶叶为“正丛铁观音”。

白毫乌龙主要产于台湾地区新竹县北埔、峨眉及苗栗县，以青心大冇、白毛猴、台茶5号、台茶17号和硬枝红心等品种所制的成茶品质较好，大叶乌龙、红心大冇、黄心乌龙等品种采制的成茶品质次之。

白毫乌龙

二、食材感观品质

文山包种，轻发酵乌龙茶。其外形呈条索状，紧结、自然弯曲；汤色蜜绿明亮；香气清雅带花香；滋味甘醇滑润、富活性。其有香、浓、醇、韵、美五大特色。

冻顶乌龙，中发酵乌龙茶。其外形卷曲呈半球形；色泽墨绿油润；汤色黄绿明亮；香气高，有花香略带焦糖香；滋味甘醇浓厚，耐冲泡。其是香气、滋味并重的台湾特色茶。

高山乌龙，轻发酵乌龙茶。由于高山地区气候冷凉，早晚云雾笼罩，平均日照短，以致茶树芽叶中所含的儿茶素类等苦涩成分含量降低，而茶氨酸及可溶氮等对甘味有贡献的成分含量提高，且芽叶柔软，叶肉厚，果胶质含量高。因此高山乌龙茶具有色泽翠绿鲜活，滋味甘醇、滑软、厚重带活性，香气淡雅，汤色蜜绿及耐冲泡等特色。

木栅铁观音，中发酵乌龙茶。其外形条索圆结，卷面呈蜻蜓头形状或半球状；叶厚沉重，叶边镶红色、叶腹绿色、叶蒂呈青色，整体呈深褐色；香气带有兰桂花香与熟果香味；滋味醇厚爽口；汤色呈鲜明金黄橙色。

白毫乌龙，重发酵乌龙茶。其外观不讲究条索紧结，而以白毫显露，枝叶连理，白、绿、红、黄、褐相间，犹如花朵为特色；汤色呈琥珀色；具熟果香、蜜糖香；滋味圆柔醇厚。

三、加工与泡法

加工

（1）文山包种

文山包种一般于谷雨前后采摘春茶，一年中可采4～5次，以春、冬、初夏及秋季采制的包种茶品质佳。采摘标准为一芽二、三叶或小开面二、三叶，以叶质肥厚柔软、叶色浅绿、晴天12—15时采摘的鲜叶为佳。近年来。因市场消费趋势而偏嫩采（一芽二、三叶）。加工工艺分日光萎凋（晒青）、室内静置及搅拌（晾青及做青）、炒青、揉捻、干燥等工序，发酵程度为8%～10%。

（2）冻顶乌龙

冻顶乌龙茶一般于谷雨前后采摘对夹二、三叶，一年中可采4～5次，春茶醇厚，冬茶香气扬、品质上乘，秋茶次之。加工工艺包括日光萎凋（晒青）、室内静置及搅拌（晾青及做青）、炒青、揉捻、初干、布球揉捻（团揉）、干燥等工序，发酵程度为15%～20%。

（3）高山乌龙

高山乌龙于4月下旬至5月上旬开采春茶，一年中可采3～5次，以春、冬茶品质最佳，秋茶亦佳。加工工艺与冻顶乌龙茶相似，唯发酵程度较轻，仅10%～15%。

（4）木栅铁观音

木栅铁观音茶一年可采收4～5次，春茶和冬茶品质最佳，夏、秋茶因制茶技术不断地改进，品质也相当优异。采摘成熟新梢的二、三叶，俗称“开面采”，是指叶片已全部展开，形成驻芽时采摘。其制法与半球型包种茶类似，唯其特点是茶叶经初焙未足干时，将茶叶用方形布块包裹，揉成球形，并轻轻用手在布包外转动揉捻，再将布球包放入“文火”的焙笼上慢慢烘焙，使茶叶形状曲弯紧结。木栅铁观音茶制作过程繁复，采茶当天进行凉青、晒青和摇青（做青），直到自然花香释放，夜间或隔天早上香气浓郁时进行炒青。第二天再将茶用布巾包作球状放入炭火焙笼团揉和包揉成型，前后过程需耗3～5天，使茶叶卷缩成颗粒后进行文火焙干制成毛茶。制成毛茶后再经筛分、风选、拣剔、匀堆、挑枝与复焙需一星期以上时间，再经包装制成商品茶。发酵程度为15%～50%。

（5）白毫乌龙

白毫乌龙采摘经茶小绿叶蝉吸食的嫩芽，一芽一、二叶，以心芽肥厚、白毫多、叶质柔软者为宜，高级白毫乌龙茶只采一芽一叶。加工工艺为日光萎凋、室内静置及搅拌、炒青、覆湿布回润、揉捻、干燥等，发酵程度为50%～60%。

泡法

用茶壶或盖碗冲泡，茶水比为1：22，水温为90～100℃。

程序：温壶→投茶→温润→注水→静置→温杯→分斟→品饮。

台湾阿里山乌龙茶饮

冻顶乌龙茶的传说

福建有乌龙茶，台湾也有乌龙茶。台湾乌龙茶中有一种叫作“冻顶乌龙茶”，被誉为“台湾茶中之圣”，产自台湾地区南投县鹿谷乡。冻顶山是凤凰山的支脉，居于海拔700米的南岗上，因雨多山高路滑，上山的茶农必须绷紧脚尖（台湾俗语称“冻脚尖”）才能登上山顶，故称此山为“冻顶山”。冻顶山上栽种了青心乌龙茶等茶树良种，山高林密土质好，茶树生长茂盛。

冻顶乌龙茶的采制工艺十分讲究，采摘青心乌龙等良种芽叶，经晒青、晾青、做青、炒青、揉捻、初烘、多次反复地团揉、复烘、再焙火而制成。冻顶乌龙茶的特点为：外形卷曲呈半球形，色泽墨绿油润，冲泡后汤色黄绿明亮，香气高，有花香略带焦糖香，滋味甘醇浓厚，耐冲泡。冻顶乌龙茶品质优异，历来深受消费者的青睐，畅销中国港澳台地区以及东南亚等地。

关于冻顶茶的由来，民间还流传着一个动人的故事。

相传清朝道光年间，台湾南投县鹿谷乡有一个青年叫林凤池，是一个有志气、有学问的青年人，十分热爱自己的祖国。有一年，他听说福建要举行科举考试，便一心想要去参加，可是家穷没路费，怎么办呢？乡亲们知道了，凑了一点银钱给林凤池做路费。临行前，乡亲们又对他说：“你到了福建，可要向咱祖家的乡亲问好呀，说咱们台湾乡亲十分怀念他们！”“如果考中了，要再来台湾，别忘记这里是你的出生故里啊！”林凤池感动得流下了热泪，把乡亲们说的话记在心里。

由于林凤池学问好，回祖家福建考中了举人。他在祖家住了几年，想起离开台湾时乡亲们的热情交代，便决定回台湾去探亲。回台湾之前，他到武夷山游览，看到这里丹山碧水，风景秀丽，真是“武夷山水天下奇，千峰万壑皆画图”！因为武夷山的“乌龙茶”驰名中外，他就要了36棵乌龙茶苗带回台湾，种在南投县鹿谷乡的冻顶山上。经过精心栽培，它们都成活了。从此以后，冻顶山很快就发展成为有名的乌龙茶园。这种从祖家带来的乌龙茶，清香可口、生津止渴、消暑退热、利水除毒，饮后大有苦尽甘来的快意，成为台湾乡亲喜爱的名茶。

后来，林凤池奉旨进京，他就将加工好的乌龙茶带去献给道光皇帝。皇帝一尝，感到十分清香可口，连声称赞说“好茶，好茶”，并问这茶是哪里来的。林凤池奏明来自祖家福建，种在台湾冻顶山上。道光皇帝说：“好吧，这茶就叫冻顶茶。”从此台湾乌龙茶又被称为“冻顶茶”。

白　茶

白茶（White tea）属“轻微发酵茶”，为中国六大茶类之一，因外表披覆白毫，呈白色，故名白茶。传统白茶制法独特，不炒不揉，成茶满披白毫，色泽银白灰绿，如银似雪。白茶产区小，产量少，主产于福建，主要品种有白毫银针、白牡丹、寿眉等。

白毫银针

洁性不可污，为饮涤尘烦。
此物信灵味，本自出山原。
聊因理郡馀，率尔植荒园。
喜随众草长，得与幽人言。

——《喜园中茶生》
（唐）韦应物

一、物种本源

白毫银针，又称“银针白毫”，为一种全芽白茶，因其成条形状似针、色白如银而得名，主产于福建省福鼎、政和两市县。

据文献记载，清代嘉庆元年（1796年），福鼎县（今福鼎市）茶农用菜茶（有性群体种）的壮芽为原料，创制白毫银针。到咸丰七年（1857年）前后，当地茶农偶然发现大白茶树品种，这种茶树嫩芽肥大、毫多。于是在光绪十一年（1885年）起改用福鼎大白茶品种茶树的壮芽为原料制造白毫银针。政和县于光绪六年（1880年）也成功选育政和大白茶品种茶树，光绪十五年（1889年）开始产制白毫银针。福鼎大白茶与政和大白茶都是无性繁殖系品种，性状整齐。在这两个品种的茶园里，每当春芽发出，茸毛密披，在阳光照射下，皆银光闪闪，远望如霜覆，其景象为其他茶园所罕见。

二、食材感观品质

白毫银针芽头肥壮，遍披白毫，挺直如针，色白似银；内质香气清

福鼎太姥山风光

鲜、毫香浓；滋味鲜爽微甜；汤色晶亮呈浅杏黄色；叶底黄绿色，匀齐或显红褐。新银针干茶显绿，汤色较淡，有毫香，滋味醇爽，会微有苦涩，叶底黄绿；陈银针干茶色深，滋味醇厚滑顺，基本无苦涩，香气如蜜，叶底红褐。显然，陈化的银针茶滋味加重，苦涩减少，醇厚增加，香气有所转变，饮后也明显感到比新茶顺滑舒适很多。无论是在滋味上还是在其他方面，陈年白毫银针都优于新白毫银针。

福鼎所产的白毫银针显银白色，芽头肥嫩，茸毛厚密，汤色碧青，汤水较细腻，带花香；政和所产的白毫银针呈银灰色，芽瘦长，茸毛略簿，但香气清鲜，滋味浓厚。

三、加工与泡法

加工

白毫银针选用春季茶树嫩芽制作而成，茶树新芽抽出时，留下鱼叶，摘下肥壮单芽付制，也有采一芽一叶置室内“剥针”。采摘标准要求严格，雨露水芽、风伤芽、虫蛀芽、开心芽、空心芽、病芽、弱芽、紫色芽均不宜采用。其初制工艺流程分萎凋与干燥两道工序，加工时以晴天，尤其是凉爽干燥的气候所制的银针品质最佳。

玻璃杯冲泡白毫银针

泡法

用玻璃杯或盖碗冲泡，茶水比为1：40，水温为90~95℃。

程序：温杯→投茶→润茶→冲泡→静置→品饮。

“仙草”白毫银针

有一年，政和一带久旱不雨，瘟疫四起。据说在洞宫山上的一口龙井旁有几株仙草，草汁能治百病。很多勇敢的小伙子便纷纷去寻找仙草，但都是有去无回。有一户人家也加入了寻找仙草大军的行列，家中老大志刚、老二志诚与老三志玉三人商量，为了避免能去不能回的悲剧发生，三人轮流去找仙草。

老大志刚先行，他到了洞宫山，碰到一位白胡子老翁。老翁告诉他：“仙草就在山上的龙井旁。你上山去取即可，但要记得上山只能向前，不能回头看，否则采不到仙草。”志刚一口气爬到半山腰，却见山上满山乱石，阴森恐怖，忽听一声大吼：“你敢往上闯！”志刚大惊，一回头，立刻变成了乱石岗上一块新石头。

老二志成也去找仙草，他与大哥的命运一样，爬到半山腰时也回头变成了一块巨石。

老三志玉沿着两位大哥的足迹继续寻找仙草，他也遇见了白胡子老翁，听了同样的忠告。志玉谢过老翁，继续往前走。他来到半山腰的乱石岗，怪声四起，就用糍粑塞住耳朵，坚持上山，坚决不回头，终于爬上山顶，找到龙井，采下仙草芽叶，并用龙井水浇灌仙草。很快仙草开花结籽，志玉采下种子，下山回家。他将种子种满家乡的山坡，救了当地的老百姓，这仙草就是我们所说的白毫银针。

白牡丹

白茶诚异品，天赋玉玲珑。
不作烧灯焰，深明韫椟功。
易容非世功，幻质本春工。
皓皓知难污，尘飞谩自红。

——《白山茶》
（南宋）刘学箕

一、物种本源

白牡丹，因其绿叶间夹着银白色毫心，形似花朵，冲泡后绿叶托着嫩芽，宛如蓓蕾初放，故得名；主产区位于福建省政和、建阳、松溪、福鼎等县（市、区）。白牡丹以政和大白茶、福鼎大白茶和水仙品种茶树的鲜叶为原料，要求芽叶肥壮，白毫显露。

二、食材感观品质

白牡丹色泽深灰绿或暗青苔色，叶背布满白色茸毛，绿叶夹着银白色的毫心，形似花朵；微红叶脉布于绿叶之中，有“红装素裹”之誉；滋味清醇微甜，毫香鲜嫩持久；汤色杏黄明亮，叶底嫩匀完整。

云雾中的茶山

三、加工与泡法

加工

白牡丹主要采摘春季第一轮嫩梢上一芽二叶的鲜叶。制作工艺只有萎凋和烘干两道工序，毛茶之后再经过精制工艺即可装箱储存。白牡丹的制作工艺关键在萎凋，一般采取室内自然萎凋或复式萎凋。

泡法

用茶壶或瓷杯冲泡，茶水比为1∶50，水温为95~100℃。

程序：温杯→投茶→润茶→冲泡→静置→品饮。

瓷杯冲泡白牡丹

且隐仙境且寻仙茶

传说，西汉时期有位太守毛义不满贪官当道，于是弃官随母归隐山林。母子俩骑白马来到一座青山前，只觉得异香扑鼻，于是向路旁一位鹤发童颜、银须垂胸的老者探问香味来自何处。老人指着莲花池畔的18棵白牡丹说，香味就来源于它。母子俩见此处似仙境一般，便留了下来建观修道。

一天，母亲因年老加之劳累，口吐鲜血病倒了。毛义立刻四处寻药，那位白发银须的老人又出现了，告诉他："须用鲤鱼配新茶才能治你母亲的病。"毛义到池塘里捉到了鲤鱼，但却不知去哪里采新茶。正在为难之时，那18棵牡丹竟变成了18棵茶树，毛义立即采下晒干。说也奇怪，白毛茸茸的茶叶竟像是朵朵白牡丹花，且香气扑鼻。毛义立即用新茶煮鲤鱼给母亲吃，母亲的病果然好了，她嘱咐儿子好生看管这18棵茶树，说罢跨出门便飘然飞去，变成了掌管这一带青山的茶仙，帮助百姓种茶。人们为了纪念毛义弃官种茶，造福百姓的功绩，建起了白牡丹庙，后来，人们就把这一带产的名茶叫作"白牡丹茶"了。

寿眉

烹茶留客驻金鞍，月斜窗外山。
别郎容易见郎难，有人思远山。
归去后，忆前欢，画屏金博山。
一杯春露莫留残，与郎扶玉山。

——《阮郎归·效福唐独木桥体作茶词》
（宋）黄庭坚

一、物种本源

寿眉，因形似老寿星的眉毛，故得名，为白茶类叶茶的一种，主产于福建省的建阳、建瓯、浦城等县（市、区）。寿眉，乃是由制“白毫银针”时采下的嫩梢，经“抽针”后剩下的叶片制成的成品。

二、食材感观品质

寿眉成茶不带毫芽，条索芽叶挺拔，茸毛色白且多；色泽灰绿带黄，叶张主脉迎光透视呈红色；香气清纯；滋味甜醇较爽口；汤色呈橙色或深黄色；叶底黄绿。

三、加工与泡法

加工

初制工艺只有萎凋和烘焙两道工序，精制工艺包括拣剔、低温烘焙、装箱等工序。

高山茶园

泡法

可以选用茶壶或盖碗冲泡，茶水比为1：50，水温为95～100℃。

程序：温杯→投茶→润茶→冲泡→静置→品饮。

盖碗冲泡寿眉

寿眉茶的来历

传说在很久远的年代，一对老夫妻，膝下还有个姑娘，一家三口从外地逃荒到了建阳地界。当他们艰难地走到新江乡时，老夫妻俩都病倒了。由于没钱治病，这对老夫妻相继病亡，留下只有18岁的女儿。她命运不济，被当地的一个纨绔公子看中。这个纨绔公子家里非常富有，想依仗自家的权势霸占姑娘。

不料，姑娘非常倔强，对这门婚事宁死不从。她不慕钱财，只想找个凭劳动吃饭的青年。姑娘在这里举目无亲，无依无靠，凭着自己的力量是无法摆脱纨绔公子魔爪的。只有“三十六计，走为上计”，她趁着黑夜，只身逃跑了。由于路途不熟，姑娘迷路了。天将破晓时，她不敢独自行动，就爬上大山，钻进山林里。

几天后，一个青年猎人发现了饿得有气无力的姑娘，就将她背到山后自己家里。这个青年也是父母双亡，自己在山坡上盖了间草房，以打猎为生。姑娘在猎人家休养了几天后，两人之间产生了爱情，他们在一个月圆之夜，对月跪拜、结为夫妻。

在婚后的日子里，一个偶然的机会，姑娘发现了一丛茶树。姑娘的老家是个茶乡，她熟悉茶树，只是觉得这丛茶树与众不同，它的叶芽茸毛很密集，枝叶也很粗壮。小夫妻俩决定好好培育这丛茶树。到了第二年，他们采摘了茶树的芽苞，焙炒成茶叶，发现这种茶叶仍然带有细密的茸毛，如同寿星眉毛一般，就取名为“寿眉茶”。

黑　茶

黑茶（Dark tea）为中国六大茶类之一，属后发酵茶，以干茶色泽褐黑而得名。黑茶采用较粗老的原料，经过杀青、揉捻、渥堆、干燥四个初制工序加工而成。渥堆是决定黑茶品质的关键工序，渥堆时间的长短、程度的轻重，会使成品茶的品质风格有明显差别。黑茶的产区分布在湖南、湖北、广西、四川、云南等省、区。黑茶压制成的砖茶、饼茶、沱茶等紧压茶，是中国边疆许多少数民族地区广受欢迎的饮品。

普洱茶

洗尽炎州草木烟，制成贡茗味芳鲜。
筠笼蜡纸封初启，凤饼龙团样并圆。
赐出俨分瓯面月，瀹时先试道旁泉。
侍臣岂有相如渴，长是身依瀣露边。

——《谢赐普洱茶》（清）查慎行

普洱茶主要产于云南西双版纳、普洱、临沧、大理、德宏、保山等州市，是以云南大叶种茶树鲜叶制成的晒青毛茶（滇青）作为原料，经整形、熟成、归堆、拼配、杀菌而成的后发酵茶。普洱茶分为普洱散茶、普洱压制茶和普洱袋泡茶三类。

普洱散茶是以云南大叶种茶树鲜叶为原料，经杀青、揉捻、晒干等工序加工而成的各种晒青毛茶，再经整形、熟成、归堆、拼配、杀菌而成各种名称和级别的普洱芽茶和级别茶；采用云南传统方法加工而成的称为“生普”，采用高温高湿人工快速发酵而成的称为“熟普”。普洱压制茶是以各种级别的普洱散茶半成品为原料，使用机械压制成型的沱茶、饼茶、圆茶等。以“生普”为原料，经压制成“生饼”或“青饼”；以“熟普”为原料，经压制成“熟饼”，其产品有普洱沱茶、普洱紧茶、七子饼茶、普洱砖茶、普洱小沱茶和普洱小圆饼等。普洱袋泡茶是利用普洱散茶中的碎、片、末（40孔以上）自动计量装袋的各种规格袋泡普洱茶。

云南乔木大茶树

二、食材感观品质

普洱茶外形条索粗壮，肥大完整；色泽褐红；汤色橙红明亮；滋味醇厚，回甘耐泡；叶底红褐明亮。优质普洱茶的滋味特点可以概括为：厚、甘、醇、滑、活。因产地环境、陈化年限不同，普洱茶的香气各异，有兰香、樟香、荷香、枣香，其中又以“兰香”为最上乘。

普洱砖茶外形为长方体，采用普洱茶为原料精制而成，色泽乌润或褐红（俗称猪肝色），香气以陈香为特征，滋味醇和回甘，汤色呈亮红褐色。

七子饼茶采用普洱茶作原料，适度发酵，经高温蒸压，再存放10年以上。因包装以七饼捆扎为一筒，故得名。外形为圆饼状、端正，色泽乌润，香气纯正，滋味醇厚回甘，汤色橙黄尚明。饮之有清凉解渴、帮助消化、祛除疲劳、提神醒酒等功效。

普洱砖茶

心脏型紧茶是采用云南大叶种原料精制而成，外形呈蘑菇状，形似心脏，俗称“牛心茶”，是藏族人民供佛专用茶，带有浓郁的少数民族色彩。其品质特点为：外形呈心脏形状、紧结光滑；色泽黑褐色，显毫；香气陈香；汤色褐红尚明；滋味醇和回甘。

普洱饼茶

云南沱茶采用云南大叶种加工的普洱茶为原料精制而成，其制造工艺为：原料拼配、筛分整理、蒸压定型、风干、陈放。其品质特征为：外形呈碗臼状，端正，色泽呈黑褐，显毫，香气陈香，滋味醇厚回甘，汤色橙黄明亮。

三、加工与泡法

加工

① 晒青茶加工工艺流程：鲜叶摊放→杀青→揉捻→解块→日光干燥。

② 普洱生茶加工工艺流程：晒青茶精制→干燥。

③ 普洱熟茶加工工艺流程：晒青茶后发酵→蒸压成型→干燥。

泡法

用紫砂壶或盖碗冲泡，茶水比为1：20，水温为95～100℃。

程序：温壶→投茶→温润→注水→静置→温杯→分斟→品饮。

用茶壶冲泡普洱茶

普洱（熟普）茶汤

普洱茶的“茶祖”诸葛亮

相传，三国时期蜀国丞相诸葛亮率兵南征七擒孟获时，来到西双版纳，士兵们因为水土不服，患眼疾的人很多。

诸葛亮为了给士兵觅药治眼病，一天来到石头寨的山上，他拄着自己随身带的一根拐杖四下察看，可是拐杖却拔不起来了，不一会儿变成了一棵树，长出青翠的叶子。士兵们摘下叶子煮水喝，眼病就好了。拐杖变成的树就是茶树，从此当地人便开始种茶、饮茶。

时至今日，当地的少数民族仍然称茶树为“孔明树”，茶山为“孔明山”，并尊诸葛亮为“茶祖”。每年，他们都会举行“茶祖会”，以喝茶赏月、跳民族舞、放孔明灯来庆祝。这座“孔明山”坐落在西双版纳勐腊县易武乡，最高峰海拔为1900米，其周围的六座山后来也种满了茶树，也就是历史上很有名的普洱茶六大茶山。

六堡茶

嫩芽香且灵，吾谓草中英。
夜臼和烟捣，寒炉对雪烹。
惟忧碧粉散，常见绿花生。
最是堪珍重，能令睡思清。

——《茶诗》
（晚唐五代）郑遨

一、物种本源

六堡茶，因产于广西壮族自治区梧州市苍梧县六堡乡而得名，素以“红、浓、醇、陈”四绝闻名于世。茶树品种为苍梧县群体种、大叶种。

二、食材感观品质

六堡茶条索长整紧结；色泽黑褐光润；香气醇和，有陈香；滋味醇厚，有槟榔味和松烟味；汤色红浓，似琥珀色；叶底呈铜褐色，明亮。

三、加工与泡法

加工

六堡茶采用中叶种或大叶种的茶树鲜叶制成，鲜叶原料多为一芽三、四叶。六堡茶的初制分为杀青、初揉、渥堆、复揉、干燥五道工序，精制工艺则按产品类型分为两种：紧压和散装。紧压六堡茶传统工艺流程：毛茶→筛、风、拣→拼配→初蒸、渥堆→复蒸压笠→凉置陈化→检验出厂。散装六堡茶工艺流程：毛茶→筛、风、拣→渥堆→拼配装仓→检验出厂。渥堆和陈化是形成六堡茶独特品质风格的关键工序。六堡茶的陈化一般以篓装堆，贮于阴凉的泥土库房，经过半年左右，茶叶就有了陈味，汤色也会呈更加红浓之色，由此形成其独特风格。

泡法

用紫砂壶或盖碗冲泡，茶水比为1：20，水温为95～100℃。

程序：温壶→投茶→温润→注水→静置→温杯→分斟→品饮。

用茶壶冲泡六堡茶

六堡茶茶汤

龙母下凡赐神茶

传说在很久以前，龙母在苍梧县帮助百姓抵御灾害，造福黎民。龙母死后升仙，想要回到苍梧继续为民造福，于是她下凡到苍梧六堡镇黑石村。龙母发现这里的百姓的生活很穷苦，心里非常着急。

六堡多山少田，人们种出的稻米，自己吃都不够，还要拿出一部分出山去换盐巴，真是太苦了，怎么办呢？龙母尝试了很多方法也没有用。就在一筹莫展时，龙母尝了一口黑石山下的泉水，觉得清甜滋润，异常鲜美，她想：这么甜美的泉水一定能灌溉出好的植物。于是，龙母呼唤农神播下茶树种子，经过悉心栽培，长成了一棵叶绿芽美的茶树。

龙母让人们把这棵茶树的叶拿去卖给山外的人，换取足够的粮食和盐巴。龙母走后，这棵茶树越长越茂盛，人们将种子散播开来，变成了漫山遍野的茶树林，遍布六堡镇，所产茶叶就被人们称为“六堡茶”。

湖南黑茶

雷过溪山碧云暖，幽丛半吐枪旗短。
银钗女儿相应歌，筐中摘得谁最多？
归来清香犹在手，高品先将呈太守。
竹炉新焙未得尝，笼盛贩与湖南商。
山家不解神禾黍，衣食年年在春雨。

——《采茶词》（元末明初）
高启

一、物种本源

百两茶

湖南黑茶，主产区位于湖南省安化、桃江、汉寿、沅江、临湘等县市。成品有“三砖”“三尖”和“花卷”系列。“三砖”即黑砖、花砖、茯砖；“三尖”即天尖、贡尖、生尖；“花卷”即千两茶、百两茶、十两茶。

“花砖”由历史上的“花卷”茶演化而来。“花卷”茶因一卷茶净重合老秤1000两，又名“千两茶”。过去，“花卷”茶是由优质的湖南黑毛茶作原料，用棍锤筑制在长筒形的篾篓中。筑造成的“花卷”茶为圆柱形，高147厘米，直径20厘米，便于在牲口背的两边驮运。后来由于交通方式的改变，“花卷”茶加工成本高、饮用不方便等缺点显示出来，生产者与消费者都要求改革。1958年，安化白沙溪茶厂经过试验，将“花卷”茶改制成长方形砖茶，长为35厘米，宽为18厘米，高为3.5厘米，质量为2千克。“花砖”名称的由来，一是因为由圆柱形改成砖形；二是砖面四边有花纹，以示与其他砖茶的区别。

由于茯砖茶的加工过程中有一个特殊的工序——发花，使得茯砖茶的品质具有茂盛的金黄色菌落，俗称“金花”，金花生长得越多，代表茯砖茶的品质越好。

二、食材感观品质

湖南黑茶分为四级：一级茶紧卷、圆直，叶质较嫩，黑润；二级茶条索尚紧，黑褐尚润；三级茶条索欠紧，竹叶青带紫油色或柳青色；四级茶叶宽大粗老，条索松扁皱褶，色黄褐。湖南黑茶的汤色发亮，香气纯正，有松烟香，滋味甘润醇厚。

黑砖茶砖面端正，四角平整，模纹（商标字样）清晰，砖面色泽黑褐，内质香气纯正，滋味浓厚微涩，汤色深黄微暗，叶底暗褐尚匀。

花砖茶正面边有花纹，砖面色泽黑褐，内质香气纯正，滋味浓厚微涩，汤色红黄微暗，叶底暗褐尚匀。

茯砖茶外形为长方形，棱角清晰，四角分明，砖面平整，色泽褐润，内质菌香浓，汤色橙黄，滋味醇和，叶底褐色。

三、加工与泡法

加工

（1）茯砖茶

茯砖茶是以湖南黑毛茶为原料，经压制而成的长方形砖茶。其加工可分为原料处理、压制定型、发花干燥、产品检验与包扎四个过程。其中，原料处理包括筛制、汽蒸、渥堆、发酵；压制定型包括水分检验、称茶、汽蒸、装匣压制、冷却定型、退砖初检；发花干燥包括发花、烘干；最后进行产品检验、包扎。

（2）黑砖茶

压制黑砖茶的原料采用总量80%左右的三级湖南黑毛茶、15%左右的四级湖南黑毛茶和5%左右的其他茶，总含梗量不超过18%。这些不同级别的毛茶进厂后，要进行筛分、风选、破碎、拼配等工序制成半成品。半成品再经过蒸压、烘焙与包装等工序制成成品黑砖茶。

（3）花砖茶

压制花砖茶的原料大部分是三级湖南黑毛茶，以及少量降级的二级湖南黑毛茶，总含梗量不超过15%。这些不同级别的毛茶进厂后，要进行筛分、风选、破碎、拼配等工序制成半成品。半成品再经过蒸压、烘焙与包装等工序制成成品花砖茶。

泡法

用盖碗或茶壶冲泡，茶水比为1：20，水温为95～100℃。

程序：温碗→投茶→温润→注水→静置→温杯→分斟→品饮。

黑茶茶汤

湖南安化黑茶的来历

安化黑茶，因其产自湖南益阳安化而得名。据《明史·食货志》记载："神宗万历十三年（1585年）中茶易马，惟汉中保宁，而湖南产茶，其直贱，商人率越境私贩私茶。"

安化在明代前期（15世纪）参照四川乌茶的制造方法，加以改进，制成黑茶。乌茶是蒸青（水煮）茶，黑茶是炒青（锅炒）茶，相比之下，黑茶除掉了青叶气，滋味醇和，有松烟香，更受西北、西南各少数民族的欢迎。当时，西藏喇嘛常至京师礼佛朝贡，邀请赏赐。回藏时，明朝廷赏给许多礼物，其中茶叶是大宗，指定由四川官仓拨给，但喇嘛们却绕道湖广收买私茶。湖广黑茶最合他们的口味，而黑茶主产于安化一带，后统称为安化黑茶。

青砖茶

三月春风长嫩芽，村庄少妇解当家。
残灯未掩黄粱熟，枕畔呼郎起采茶。
茶乡生计即山农，压作方砖白纸封。
别有红笺书小字，西商监制白芙蓉。

——《莼川竹枝词》（清）周顺倜

一、物种本源

青砖茶，主产于湖北省赤壁市羊楼洞，以老青茶为原料蒸压而成青砖茶，又名“洞砖”。青砖茶面印有“川”字商标，也称“川字茶”。

据湖北《万全县志》记载，明朝中期生产的帽盒茶已呈青砖茶雏形，清乾隆年间已开始生产青砖茶产品，到咸丰末年已大批量生产。

二、食材感观品质

湖北青砖茶外形紧结重实，砖面平整、棱角整齐，色泽青褐，内质香气纯正，滋味醇和，汤色黄红尚亮，叶底暗褐粗老。

三、加工与泡法

加工

青砖茶以鄂南优质老青茶为原料，通过传统加工工艺精制而成。原料采摘季节为小满至白露之间，鲜叶梗长控制在20厘米内。原料经拣杂后，再高温杀青、揉捻、干燥。原料还要进行后期发酵，随后脱梗、复制成半成品，再进行蒸制、压制、定型、烘制和包装。包装大小规格为34厘米×14厘米×4厘米，质量为2千克。

青砖茶汤

泡法

用紫砂壶或盖碗冲泡，茶水比为1：20，水温为95～100℃。

程序：温壶→投茶→温润→注水→静置→温杯→分斟→品饮。

羊楼洞青砖茶背后的故事

赤壁羊楼洞作为“中俄万里茶道”的重要茶源地，谱写了600年古丝绸之路的历史，创造了中俄万里茶道的辉煌。

羊楼洞是湖北赤壁一个被青山秀水环抱的小镇，它因茶兴盛，也因茶而名，曾经有“小汉口”之称，其种茶、制茶的历史距今已有1300多年。从这里走出去的“洞茶”曾经深刻影响着古丝绸之路和亚欧万里茶路的商业文明和东西方文化交流。尤其在18—19世纪，从羊楼洞远销欧亚大陆的“青砖茶”“米砖茶”，成为当时万里茶道沿线人们近三百年来生活中的必需品之一，享有“生命之茶”的美誉。

1949年12月16日，中华人民共和国成立不久，羊楼洞茶就曾作为国礼，被赠送给当时的苏联领导人斯大林，庆祝他在12月21日的七十寿辰。

四川边茶

何处堪留客，香林隔翠微。
薜萝通驿骑，山竹挂朝衣。
霜引台乌集，风惊塔雁飞。
饮茶胜饮酒，聊以送将（一作君）归。

——《道林寺送莫侍御》（一作麓州精舍送莫侍御归宁）
（唐）张谓

一、物种本源

茶叶是许多边疆少数民族地区群众的生活必需品，历代统治者均把茶叶作为在少数民族地区进行统治的重要工具。自宋代以来，历朝官府推行“茶马法”，如明代在四川雅安、天全等地设立管理茶马交换的“茶马司”，后改为“批验茶引站”。清朝乾隆时期，规定雅安、天全、荥经等地所产边茶专销康藏，称南路边茶；灌县、崇庆、大邑等地所产边茶专销川西北松潘、理县等地，称西路边茶。

南路边茶产品有康砖、金尖两个品种，主销西藏、青海和四川甘孜藏族自治州；西路边茶产品为茯砖茶和方包茶两种，主销四川阿坝藏族自治州及青海、甘肃、新疆等省、区。

二、食材感观品质

南路边茶：康砖外形表面平整，紧实，均匀明显，无起层脱落；色泽棕褐，砖内无黑霉、白霉、青霉等霉菌；香气纯正，具有老茶的香气；汤色红褐、尚明；滋味纯尚浓；叶底棕褐欠匀。其中金尖外形为圆角长方枕形，稍紧实，无脱层；色泽棕褐，砖内无黑霉、白霉、青霉等霉菌；香气高爽纯正带油香；汤色黄红、尚明；滋味醇和；叶底暗褐欠匀。

西路边茶：茯砖茶砖形完整，松紧适度，黄褐显金花；香气纯正；滋味醇和；汤色红亮；叶底棕褐均匀，含梗20%左右。其中方包茶篾包方正，四角稍紧；色泽黄褐，稍带烟焦气；滋味醇正；汤色红黄；叶底黄褐，含梗60%左右。

三、加工与泡法

加工

（1）南路边茶

康砖是蒸压而成的砖形茶，其原料有做庄茶、晒青茶、条茶、茶梗、茶果等。毛茶以四川雅安、乐山等地为主产区。毛茶原料需进行杀青、渥堆、初干蒸揉等工序反复制作而成，干燥后再经筛分、切铡整形、风选、拣剔等工序加以整理归堆，按标准合理配料，经过称量、汽蒸、筑压、干燥等工序加工而成。康砖为圆角长方形，长为17厘米，宽为9厘米，高为6厘米，每块净重0.5千克。

金尖以川南边茶、康南边茶为原料，按标准合理配料，经过毛茶整理、配料、蒸压成型、干燥、成品包装等工艺过程制成。金尖长为24厘米，宽为19厘米，高为12厘米，每块净重2.5千克。

（2）西路边茶

茯砖茶经毛茶整理、筑砖、发花、干燥等工艺过程制成；方包茶经毛茶整理、筑制、烧包、晾包等工艺过程制成。

泡法

用盖碗或紫砂壶冲泡，茶水比为1∶20，水温为95~100℃。

程序：温碗→投茶→温润→注水→静置→温杯→分斟→品饮。

四川边茶茶汤

雅安与“南路边茶”

雅安原名雅州，得名始于隋文帝仁寿四年（604年）。雅安自古即为“川西咽喉”“西藏门户”，而“世界茶源”更是雅安的名片。雅安与藏区联系与交流的历史源远流长，其中茶叶为最主要的贸易物品。众所周知，雅安盛产茶叶，唐代顾况的《茶赋》中说，茶能“攻肉食之膻腻，发当暑之清吟，涤通宵之昏寐”。而藏族人民的饮食以青稞和牛羊肉为主，因此自唐朝中叶以来，茶叶便成了藏民每日生活中不可缺少的必需品，因为正如藏族谚语所说的，“腥肉之食，非茶不解；青稞之热，非茶不消。”为了能够得到他们所需的茶叶，藏族人民跋山涉水，将藏区所产的畜产品、药材等运到雅安进行交换。久而久之，这里便成了著名的边茶贸易集市。

雅安境内的高山自古出名茶，传说2000多年前，有位叫吴理真的道士在雅安蒙顶山收集野茶，种下七株仙茶，取甘露井水熬煮，从而创造了“茶”这个饮品。到了唐宋以后，雅州出产的茶叶源源不断地运往西藏，形成颇具规模的“南路边茶”。

雅安作为藏茶生产中心和南路边茶的集散地，集中了从四川泸州、宜宾、灌县等地运来的原料茶和一部分来自云南的原料茶重新整合，再运往藏区，规模空前庞大。据说，运送藏茶入藏的马帮在古雅州集结时，最多时达到3000壮丁、2000驮马。

花　茶

花茶（Scented tea），又称熏花茶，为再加工茶的一种，它以经过加工的茶叶，配以香花经过窨制而成。它既保持了纯正的茶味，又兼备所窨鲜花的馥郁香气，花香与茶味融于一体，别具特色。用来窨制花茶的茶坯主要是烘青，还有部分炒青，少量红茶、乌龙茶、普洱茶。花茶依窨制的香花种类，分为茉莉花茶、白兰花茶、珠兰花茶、玳玳花茶、柚子花茶、桂花花茶、玫瑰花茶等；也有把花名与茶名连在一起命名的，如茉莉烘青、珠兰大方、桂花龙井、桂花乌龙等。其中以茉莉花茶数量最多，约占全国花茶总量的90%。花茶的主要产区有福建的福州、宁德、沙县，江苏的苏州、南京，浙江的金华、杭州，安徽的歙县，四川的成都，重庆，湖南的长沙，广东的广州，广西的桂林、横州，台湾的台北等地。

花茶的生产历史悠久。南宋赵希鹄的《调燮类编》中对用木樨等香花熏茶方法有详细记述：木樨、茉莉、玫瑰、桂花等皆可作茶，“量其茶叶多少，摘花为伴。花多则太香，花少则欠香，而不尽美。三停茶叶一停花始称。”元代倪瓒的《云林堂饮食制度集》中也有花茶制法：“以中样细芽茶，用汤罐子先铺花一层，铺茶一层，铺花、茶层层至满罐，又以花蜜（密）盖盖之。日中晒，翻覆罐三次。于锅内浅水慢火蒸之。蒸之候罐子盖极热取出，候极冷然后开罐子取出茶，去花，以茶用建连纸包茶，日中晒干。……如此换花蒸，晒三次尤妙。”花茶大量生产，始于清代咸丰年间，到了光绪十六年（1890年）前后，花茶生产已较普遍。

茉莉花茶

采采江南茉莉花，移根多在列侯家。
清时幕府浑无事，羽扇纶巾自煮茶。

——《次韵谢武靖伯惠茉莉茶二首（其一）》（明）储巏

一、物种本源

茉莉花茶按所用茶胚原料的不同，分茉莉银针、茉莉绣球、茉莉玉环、茉莉毛峰、茉莉大方、茉莉烘青等。南宋施岳的《步月·茉莉》词中已有茉莉花焙茶的记述："玩芳味、春焙旋熏。"宋末元初周密再编选《绝妙好词》时，注该词曰："茉莉，岭表所产……此花四月开，直至桂花时尚有玩芳味，古人用此花焙茶。"即是窨制茉莉茶的最早记载。

二、食材感观品质

高档茉莉花茶（四窨及四窨以上的茉莉花茶）外观造型特征明显，多显毫或披毫，显锋苗；内质汤色嫩绿或嫩黄明亮；香气鲜灵（茉莉花香明晰）、浓郁、纯正、持久（要求茉莉花香盖过茶香，不能闻出茶香）；滋味醇厚甘爽；叶底多芽或成朵、嫩厚匀齐、嫩黄明亮。

中档茉莉花茶（二窨至三窨的茉莉花茶）外形条索壮结，多毫，有锋苗，可见少量茉莉花干；色褐绿润；内质汤色黄明亮；香气浓郁、纯正、较持久（要求茉莉花香盖过茶香，基本不能闻出茶香）；滋味浓醇爽；叶底嫩匀的芽、黄绿明亮。

低档茉莉花茶（一窨的茉莉花茶）外形条索尚紧实尚成条，可见较多的茉莉花干；内质汤色黄尚亮；香气尚浓郁、多会透露白兰花香（透底）或会透露茶香，欠持久；滋味浓带涩；叶底尚匀、嫩度较差。

茉莉银针外形全芽，肥壮、披毫，匀整；色嫩黄润泽；香气鲜灵、浓郁、纯正、鲜爽、持久；汤色嫩黄明亮；滋味甘醇爽口；叶底全芽、肥、厚、实，嫩绿明亮。

茉莉绣球外形圆结呈颗粒形，显毫，匀整；色褐黄润泽；香气较浓郁、持久；汤色嫩黄较明亮；滋味较醇爽；叶底芽叶成朵、嫩软，较绿明亮。

茉莉虾针外形似干虾，肥壮、有毫，匀整；色褐黄润泽；香气浓郁、持久；汤色嫩黄尚明亮；滋味浓醇爽口；叶底全芽、肥、厚、实，嫩绿明亮。

茉莉银芽外形肥壮卷曲，披毫，匀整；色嫩黄润泽；香气鲜灵、浓郁、纯正、鲜爽、持久；汤色嫩黄明亮；滋味甘醇爽口；叶底芽叶肥嫩成朵，嫩绿明亮。

茉莉毛尖外形细紧卷曲，多毫，匀整；色嫩黄润泽；香气鲜灵、浓郁、纯正、鲜爽、持久；汤色嫩黄明亮；滋味醇厚甘爽；叶底嫩厚成朵，嫩绿明亮。

茉莉玉环外形呈环形，肥壮、披毫，匀整；色嫩黄润泽；香气浓郁、鲜爽、持久；汤色嫩黄明亮；滋味甘醇爽口；叶底全芽、肥、厚、实，嫩绿明亮。

茉莉白雪针外形全芽，肥壮、满披白毫，匀整；色嫩黄润泽；香气浓郁、鲜爽、持久；汤色嫩黄明亮；滋味甘和爽口；叶底全芽、肥、厚、实，嫩黄明亮。

三、加工与泡法

加工

茉莉花茶基本工艺流程分为茶坯处理、鲜花养护、拌和窨花、通花散热、收堆续窨、出花分离、湿坯复火干燥、再窨或提花。窨制茉莉花茶颇费工夫，有简有繁，有单窨次，也有复窨次，还有多窨次，互相影响的技术因子相当复杂。窨制要在毛茶经过精制成规定等级的基础上，配以当天采收的饱满均匀、洁白光润的茉莉鲜花，一般产品经过一次窨花、一次提花加工窨制而成，中、高档产品要经过二至七次窨花。但无论窨花一次或多次，提花工序只有一次。

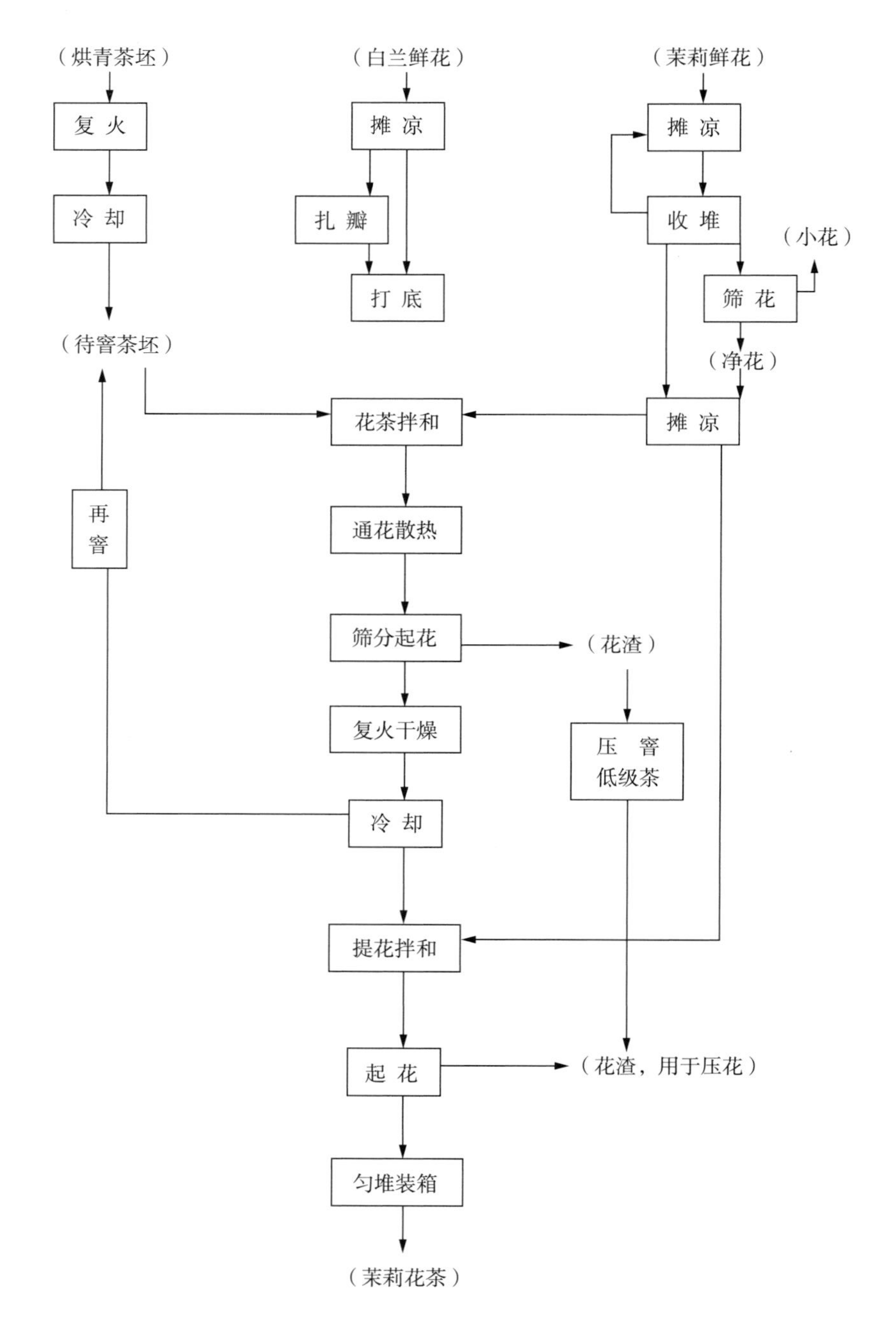
（烘青茶坯）
复火
冷却
（待窨茶坯）
（白兰鲜花）
摊凉
扎瓣
打底
（茉莉鲜花）
摊凉
收堆
（小花）
筛花
（净花）
摊凉
花茶拌和
再窨
通花散热
筛分起花
（花渣）
复火干燥
压窨低级茶
冷却
提花拌和
起花
（花渣，用于压花）
匀堆装箱
（茉莉花茶）

茉莉花茶窨制工艺流程

泡法

用盖碗或茶壶冲泡，茶水比为1∶50，水温为85~95℃。

程序：温碗→投茶→润茶→冲泡→静置→品饮。

茶壶冲泡茉莉花茶

冰心与茉莉花茶

著名的女作家冰心在她89岁高龄时，写了《我家的茶事》一文，其中写道：“现在我是每天早上沏一杯茉莉香片，外加几朵杭菊（杭菊是降火的，我这个人从小就‘火’大……）。”

冰心是福建人，从小跟随祖父喝茶，培养了偏爱喝茉莉花茶的习惯。她对家乡茉莉花茶甚是喜爱，在自己的散文里写道：“中国是世界上最早发现茶利用茶的国家，是茶的故乡。我的故乡福建既是茶乡，又是茉莉花茶的故乡。解放前，四川、湖北、广东、台湾虽也产茉莉花茶，但它的品种、窨制技术都是从福建传去的。花茶的品种很多，有茉莉、玉兰、珠兰、玫瑰、玳玳等，而我们的家传却是喜欢饮茉莉花茶，因为茉莉花茶不但具有茶特有的清香，还带有馥郁的茉莉花香。……一杯浅橙黄色的明亮的茉莉花茶，茶香和花香融合在一起，给人带来了春天的气息。啜饮之后，有一种不可言喻的鲜爽愉快的感受，健脑而清神，促使文思流畅。”（冰心《茶的故乡和我故乡的茉莉花茶》）茉莉花茶是福建的代表，是福建人思念故乡的寄托。

作家章武在《世纪同龄人的乡思——冰心侧影》一文中写道：“大门敞开着，从屋里飘来一阵我们所熟悉的香味。没错，家乡的茉莉花香！清清的，淡淡的，撩人乡思的香味啊！我们走近了客厅，只看见一位熟悉的、慈祥的老人从八仙桌边拄着木拐杖站了起来，朗声说道：‘知道你们要来，瞧，我都沏好了家乡的茉莉花茶等着呢！’”这无不展露出冰心对茉莉花茶的喜爱和对故乡的思念。

其他花茶

烹茶留客驻金鞍，月斜窗外山。
别郎容易见郎难，有人思远山。
归去后，忆前欢，画屏金博山。
一杯春露莫留残，与郎扶玉山。

——《阮郎归·效福唐独木桥体作茶词》
（北宋）黄庭坚

一、物种本源

我国花茶种类多样，有白兰花茶、珠兰花茶、米兰花茶、玳玳花茶、柚子花茶、桂花花茶、玫瑰花茶等。在明代钱椿年著、顾元庆辑的《茶谱》中详叙了各种花茶的制法："木樨、茉莉、玫瑰、蔷薇、兰蕙、橘花、栀子、木香、梅花皆可作茶。诸花开时，摘其半含半放，蕊之香气全者，量其茶叶多少，摘花为茶。花多则太香，而脱茶韵；花少则不香，而不尽美。三停茶叶一停花始称。假如木樨花，须去其枝蒂及尘垢虫蚁。用磁罐，一层茶，一层花，投间至满。纸箬絷固，入锅重汤煮之，取出待冷。用纸封裹，置火上焙干收用。诸花仿此。"

二、食材感观品质

白兰烘青外形条索较紧结，有锋苗；内质汤色黄较明亮；白兰花香

桂花龙井

浓郁、持久（要求白兰花香盖过茶香，不能闻出茶香）；滋味浓厚爽口；叶底嫩尚匀、黄绿明亮。

珠兰烘青外形条索紧结、重实，有锋苗，干茶中可见少量珠兰花干；内质汤色黄绿明亮；珠兰香幽带茶香（香气中既有珠兰花香也有茶香，且两者巧妙结合）；滋味浓醇爽口；叶底嫩尚匀、黄绿明亮。

玳玳烘青外形条索紧结、重实，有锋苗；内质汤色黄绿明亮；有明显的玳玳花香，也具有茶香，两者完美结合；滋味浓醇爽口；叶底嫩尚匀、黄绿明亮。

桂花花茶（桂花龙井）外形扁平、光滑、挺直，绿色的干茶中可见少量金黄色桂花花干隐藏其中；内质汤色杏黄明亮；桂花花香明显，且具馥郁的龙井茶香（香气中既有桂花花香也有茶香，且两者完美结合）；滋味醇厚甘爽；叶底嫩匀、黄绿明亮。

玫瑰红茶外形条索较细紧，有锋苗，可见干玫瑰花瓣；内质汤色红明亮；有较明显的玫瑰花香，也能闻出红茶茶香，两者完美结合；滋味甘醇爽口；叶底嫩尚匀、红明亮。

三、加工与泡法

加工

加工工艺步骤为茶坯处理、鲜花养护、拌和窨花、通花散热、收堆续窨、出花分离、湿坯复火干燥、再窨或提花。

泡法

用盖碗或玻璃杯冲泡，茶水比为1∶50，水温为85~95℃。

程序：温碗→投茶→润茶→冲泡→静置→品饮。

玳玳花含苞不放

玳玳花含苞而不放，说起它的原因，还有一段美好的传说哩！隋炀帝曾三下扬州，一心想看扬州的琼花，但琼花洁身自好，在隋炀帝到达扬州前就凋谢了。隋炀帝非常恼怒，但也无可奈何。一些阿谀奉承的侍臣，纷纷奏请隋炀帝到苏州去看玳玳花。谁知当兴致勃勃的隋炀帝赶到香气袭人的玳玳花丛中时，只见洁白的玳玳花瓣飘然落地，留在枝头的只是一些含苞待放的花蕾。从此，玳玳花一直是含苞的花蕾，永不开放。

参考文献

1. 著作

［1］ 蔡镇楚，施兆鹏．中国名家茶诗［M］．北京：中国农业出版社，2003．

［2］ 陈彬藩．中国茶文化经典［M］．北京：光明日报出版社，1999．

［3］ 陈椽．安徽茶经［M］．合肥：安徽人民出版社，1960．

［4］ 陈椽．茶业通史［M］．北京：农业出版社，1984．

［5］ 陈椽．制茶技术理论［M］．上海：上海科学技术出版社，1984．

［6］ 陈寿宏．中华食材［M］．合肥：合肥工业大学出版社，2016．

［7］ 陈文华．中华茶文化基础知识［M］．北京：中国农业出版社，1999．

［8］ 陈文华．长江流域茶文化［M］．武汉：湖北教育出版社，2004．

［9］ 陈文华．中国茶文化学［M］．北京：中国农业出版社，2006．

［10］ 陈兴琰．茶树原产地——云南［M］．昆明：云南人民出版社，1994．

［11］ 陈宗懋．中国茶经［M］．上海：上海文化出版社，1992．

［12］ 陈宗懋．中国茶叶大辞典［M］．北京：中国轻工业出版社，2000．

［13］ 陈祖架，朱自振．中国茶叶历史资料选辑［M］．北京：农业出版社，1981．

［14］ 程启坤．祁门红茶［M］．上海：上海文化出版社，2008．

［15］ 丁以寿．中华茶道［M］．合肥：安徽教育出版社，2007．

［16］ 丁以寿．中华茶艺［M］．合肥：安徽教育出版社，2008．

[17] 丁以寿. 黄山毛峰［M］. 上海：上海文化出版社，2008.

[18] 丁以寿. 中国茶文化［M］. 合肥：安徽教育出版社，2011.

[19] 丁以寿，章传政. 中华茶文化［M］. 北京：中华书局，2012.

[20] 丁以寿. 茶艺［M］. 北京：中国农业出版社，2014.

[21] 丁以寿. 中国茶文化概论［M］. 北京：科学出版社，2018.

[22] 丁以寿. 茶艺与茶道［M］. 北京：中国轻工业出版社，2019.

[23] 方健. 中国茶书全集校证［M］. 郑州：中州古籍出版社，2015.

[24] 关剑平. 茶与中国文化［M］. 北京：人民出版社，2001.

[25] 关剑平. 文化传播视野下的茶文化研究［M］. 北京：中国农业出版社，2009.

[26] 郭孟良. 中国茶史［M］. 太原：山西古籍出版社，2002.

[27] 黄志根. 中华茶文化［M］. 杭州：浙江大学出版社，2000.

[28] 静清和. 茶与茶器［M］. 北京：九州出版社，2017.

[29] 赖功欧. 茶哲睿智：中国茶文化与儒释道［M］. 北京：光明日报出版社，1999.

[30] 赖功欧. 茶理玄思：茶论新说揽要［M］. 北京：光明日报出版社，2002.

[31] 李斌城，韩金科. 中华茶史：唐代卷［M］. 西安：陕西师范大学出版社，2013.

[32] 梁子. 中国唐宋茶道［M］. 西安：陕西人民出版社，1994.

[33] 刘勤晋. 茶文化学［M］. 北京：中国农业出版社，2000.

[34] 钱时霖. 中国古代茶诗选［M］. 杭州：浙江古籍出版社，1989.

[35] 钱时霖，姚国坤，高菊儿. 历代茶诗集成：唐代卷［M］. 上海：上海文化出版社，2016.

[36] 钱时霖，姚国坤，高菊儿. 历代茶诗集成：宋金卷［M］. 上海：上海文化出版社，2016.

[37] 阮浩耕，沈冬梅，于良子. 中国古代茶叶全书［M］. 杭州：浙江摄影出版社，1999.

[38] 沈冬梅. 茶经校注［M］. 北京：中国农业出版社，2006.

[39] 沈冬梅. 茶与宋代社会生活［M］. 北京：中国社会科学出版社，2007.

[40] 沈冬梅，李涓. 茶馨艺文［M］. 上海：上海人民出版社，2009.

[41] 沈冬梅，黄纯艳，孙洪升. 中华茶史：宋辽金元卷［M］. 西安：陕西师

范大学出版社，2016.

［42］ 施由明. 明清中国茶文化［M］. 北京：中国社会科学出版社，2015.

［43］ 宋伯胤. 品味清香：茶具［M］. 上海：上海文艺出版社，2002.

［44］ 宋时磊. 唐代茶史研究［M］. 北京：中国社会科学出版社，2017.

［45］ 童启庆，寿英姿. 习茶［M］. 杭州：浙江摄影出版社，1996.

［46］ 童启庆，寿英姿. 生活茶艺［M］. 北京：金盾出版社，2000.

［47］ 王河，虞文霞. 中国散佚茶书辑考［M］. 西安：世界图书出版西安有限公司，2015.

［48］ 王家扬. 茶的历史与文化：90杭州国际茶文化研讨会论文选集［M］. 杭州：浙江摄影出版社，1991.

［49］ 王建平. 茶具清雅：中国茶具艺术与鉴赏［M］. 北京：光明日报出版社，1999.

［50］ 王玲. 中国茶文化［M］. 北京：中国书店，1992.

［51］ 王旭烽. 品饮中国：茶文化通论［M］. 北京：中国农业出版社，2013.

［52］ 王镇恒. 茶学名师拾遗［M］. 北京：中国农业出版社，2019.

［53］ 吴光荣. 茶具珍赏［M］. 杭州：浙江摄影出版社，2004.

［54］ 吴觉农. 茶经述评［M］. 北京：农业出版社，1987.

［55］ 吴觉农. 中国地方志茶叶历史资料选辑［M］. 北京：农业出版社，1990.

［56］ 夏涛. 中国绿茶［M］. 北京：中国轻工业出版社，2006.

［57］ 夏涛. 制茶学［M］. 第三版. 北京：中国农业出版社，2016.

［58］ 项金如，郑建新，李继平. 太平猴魁［M］. 上海：上海文化出版社，2010.

［59］ 姚国坤，王存礼，程启坤. 中国茶文化［M］. 上海：上海文化出版社，1991.

［60］ 姚国坤，胡小军. 中国古代茶具［M］. 上海：上海文化出版社，1998.

［61］ 姚国坤. 茶文化概论［M］. 杭州：浙江摄影出版社，2004.

［62］ 姚国坤. 惠及世界的一片神奇树叶：茶文化通史［M］. 北京：中国农业出版社，2015.

［63］ 姚国坤. 中国茶文化学［M］. 北京：中国农业出版社，2020.

［64］ 余悦. 问俗［M］. 杭州：浙江摄影出版社，1996.

［65］ 余悦. 中国茶韵［M］. 北京：中央民族大学出版社，2002.

［66］ 余悦. 事茶淳俗［M］. 上海：上海人民出版社，2008.

[67] 郑建新. 徽州古茶事 [M]. 沈阳：辽宁人民出版社，2004.

[68] 郑建新，郑毅. 黄山毛峰 [M]. 北京：中国轻工业出版社，2006.

[69] 郑建新，施丰声，许裕奎. 松萝茶 [M]. 上海：上海文化出版社，2010.

[70] 郑培凯，朱自振. 中国历代茶书汇编校注本 [M]. 香港：商务印书馆，2007.

[71] 《中国茶文化大观》编辑委员会. 茶文化论 [M]. 北京：文化艺术出版社，1991.

[72] 《中国茶学辞典》编纂委员会. 中国茶学辞典 [M]. 上海：上海科学技术出版社，1995.

[73] 中国农业百科全书总编辑委员会茶叶卷编辑委员会，中国农业百科全书编辑部. 中国农业百科全书：茶业卷 [M]. 北京：农业出版社，1988.

[74] 周国富. 世界茶文化大全 [M]. 北京：中国农业出版社，2019.

[75] 朱世英，王镇恒，詹罗九. 中国茶文化大辞典 [M]. 上海：汉语大词典出版社，2002.

[76] 朱自振. 中国茶叶历史资料续辑 [M]. 南京：东南大学出版社，1991.

[77] 朱自振. 茶史初探 [M]. 北京：中国农业出版社，1996.

[78] 庄晚芳. 中国茶史散论 [M]. 北京：科学出版社，1988.

[79] 邹怡. 明清以来的徽州茶业与地方社会 [M]. 上海：复旦大学出版社，2012.

2. 论文

[1] 丁以寿. 中国茶道义解 [J]. 农业考古，1998（2）：20-22.

[2] 丁以寿. 中国饮茶法源流考 [J]. 农业考古，1999（2）：120-125.

[3] 丁以寿. 中国茶道发展史纲要 [J]. 农业考古，1999（4）：20-25.

[4] 丁以寿. 工夫茶考 [J]. 农业考古，2000（2）：137-143.

[5] 丁以寿. 中华茶艺概念诠释 [J]. 农业考古，2002（2）：139-144.

[6] 丁以寿. 中国饮茶法流变考 [J]. 农业考古，2003（2）：74-78.

[7] 丁以寿. 苏轼《叶嘉传》中的茶文化解析 [J]. 茶业通报，2003（3）：140-142.

[8] 丁以寿. 中华茶道概念诠释 [J]. 农业考古，2004（4）：97-102.

[9] 东君. 茶与仙药——论茶之从饮料至精神文化的演变过程 [J]. 农业考古，1995（2）：207-210.

[10] 顾风. 我国中、晚唐诗人对于茶文化的贡献 [J]. 农业考古，1995（2）：

217-220.

［11］ 韩金科. 法门寺唐代茶具与中国茶文化［J］. 农业考古，1995（2）：149-151.

［12］ 胡长春. 道教与中国茶文化［J］. 农业考古，2006（5）：210-213.

［13］ 胡文彬. 茶香四溢满红楼——《红楼梦》与中国茶文化［J］. 农业考古，1994（4）：37-49.

［14］ 赖功欧. 儒家茶文化思想及其精神［J］. 农业考古，1999（2）：18-24.

［15］ 赖功欧. "中和"及儒家茶文化的化民成俗之道——儒家茶文化思想及其精神系列论文之二［J］. 农业考古，1999（4）：30-42.

［16］ 李家光. 巴蜀茶史三千年. 农业考古［J］，1995（4）：206-213.

［17］ 梁子. 法门寺出土唐代宫廷茶器巡礼［J］. 农业考古，1992（2）：91-93.

［18］ 刘盛龙. 四川宜宾农村的茶俗［J］. 农业考古，1994（2）：117-118.

［19］ 卢国平. 清香醉人的修水茶俗［J］. 农业考古，1994（4）：105.

［20］ 马林英. 凉山彝族茶俗简述［J］. 农业考古，1996（4）：57-59.

［21］ 尚进. 蒙古族茶文化探析［D］. 北京：中央民族大学，2012.

［22］ 史念书. 茶业的起源和传播［J］. 中国农史，1982（2）：95-97.

［23］ 徐冀野，傅伯华. 修水茶俗［J］. 农业考古，1992（4）：314-315.

［24］ 杨浩. 稀珍"茶俗"知多少［J］. 文史杂志，1990（4）：30-31.

［25］ 扬之水. 两宋茶诗与茶事［J］. 文学遗产，2003（2）：69-80.

［26］ 余悦. 儒释道和中国茶道精神［J］. 农业考古，2005（5）：115-129.

［27］ 余悦. 中国茶艺的美学品格［J］. 农业考古，2006（2）：87-99.

［28］ 余悦. 中国茶俗学的理论构建［J］. 农业考古，2015（2）：154-156.

［29］ 周志刚. 陆羽年谱［J］. 农业考古，2003（2）：211-219.

［30］ 庄晚芳. 中国茶文化的传播［J］. 中国农史，1984（2）：61-65.

图书在版编目（CIP）数据

中华传统食材丛书.茶叶卷/丁以寿主编.—合肥：合肥工业大学出版社，2022.8
ISBN 978-7-5650-5127-2

Ⅰ.①中… Ⅱ.①丁… Ⅲ.①烹饪—原料—介绍—中国 Ⅳ.①TS972.111

中国版本图书馆CIP数据核字（2022）第157759号

中华传统食材丛书·茶叶卷
ZHONGHUA CHUANTONG SHICAI CONGSHU CHAYE JUAN

丁以寿 主编

项目负责人 王 磊 陆向军
责任编辑 张惠萍
责任印制 程玉平 张 芹
出　　版 合肥工业大学出版社
地　　址 （230009）合肥市屯溪路193号
网　　址 www.hfutpress.com.cn
电　　话 党 政 办 公 室：0551—62903038
营销与储运管理中心：0551—62903198
开　　本 710毫米×1010毫米 1/16
印　　张 16.25 **字　数** 226千字
版　　次 2022年8月第1版
印　　次 2022年8月第1次印刷
印　　刷 安徽联众印刷有限公司
发　　行 全国新华书店
书　　号 ISBN 978-7-5650-5127-2
定　　价 145.00元

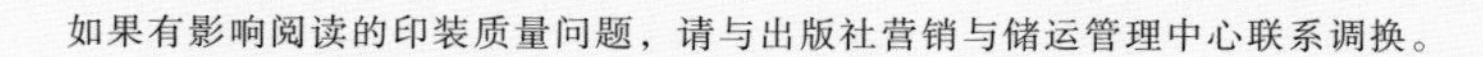